游戏文化经典译丛
李洋 张宇清 主编

宅兹游戏

从沉浸到归化

[马耳他] 戈登·卡莱亚 著 曹琪 译

Gordon Calleja

In-Game

From Immersion to Incorporation

中国国际广播出版社

游戏文化经典译丛

总 序

电子游戏作为数字时代最具代表性的文化现象之一，早已超越了单纯的娱乐功能，逐渐渗透到人类社会生活的方方面面，重塑了人类的感知、交流与行为模式。面对如此庞大的受众群体和深远的社会影响，中国学术界却尚未形成与之相适配的研究范式和理论体系。电子游戏研究在中国的匮乏与滞后，既是技术主义取向长期主导的结果，也是传统人文学科对这个领域的漠视所致。与电影研究在中国学术界的成熟与完善相比，电子游戏研究至今仍处在边缘与替代性的位置，缺乏专业的理论建构和人文学科的介入。如此学术上的缺位，已无法适应电子游戏所带来的深刻文化变迁，迫切需要我们重新审视电子游戏的意义与价值，并积极构建具有历史性和超越性的人文学视野。

电子游戏研究在西方学术界已有 30 余年的历史，其演进脉络清晰可辨。自 20 世纪 90 年代以来，电子游戏研究经历了从游戏本体论探索到游戏化

（gamification）现实等重要阶段。2001年，埃斯本·阿尔塞斯（Espen Aarseth）创办《游戏研究》（*Game Studies*）杂志，标志着电子游戏研究的独立学科地位正式确立。此后，以贡萨拉·弗拉斯卡（Gonzalo Frasca）、杰斯珀·朱尔（Jesper Juul）等学者为代表的"游戏学"（Ludology）学派，强调电子游戏自身的形式特性和交互机制，试图从叙事理论的影响下摆脱出来，建立一种内部研究的形式主义范式。与此同时，珍妮特·穆雷（Janet Murray）、亨利·詹金斯（Henry Jenkins）等学者则从文化理论角度出发，强调电子游戏的叙事维度，提出电子游戏也是一种讲述故事的媒介，"叙事学"（Narratology）与"游戏学"的对立构成了西方电子游戏研究早期的重要理论论证。2015年，伊恩·博格斯特（Ian Bogost）的《游戏研究十五年》（"Game Studies Year Fifteen"）批判了叙事学与游戏学的二元对立，指出二者本质上都是形式主义的变体，提出游戏研究应当更加开放地与社会学、哲学、心理学等其他人文学科展开对话。

事实上，电子游戏并非突然出现的新事物，而是人类悠久的游戏活动传统与现代信息技术相结合的产物。早在古希腊时期，柏拉图和亚里士多德便已指出游戏在模仿、休闲与教育方面的重要性，而德国理性主义美学则进一步将游戏提升为审美活动与人性实现的必要条件。康德与席勒的游戏美学思想，强调游戏是一种自由的审美体验，这种体验超越了感官与道德需求，成为人类实现完整人性的方式。这个冲动与本能的理论假设与 19 世纪晚期卡尔·谷鲁斯（Karl Groos）、赫伯特·斯宾塞（Herbert Spencer）等学者的进化论和心理学结合，形成了带有进化论与等级化色彩的游戏冲动学说。朱光潜先生曾对这一波游戏美学的理论进行了精彩的总结。

游戏理论在 20 世纪逐渐分化为科学与人文两个谱系，以约翰·赫伊津哈（Johan Huizinga）与罗杰·凯卢瓦（Roger Caillois）为代表的人类学谱系，关注游戏作为文化现象的特征与分类。而欧根·芬克（Eugen Fink）、汉斯-格奥尔格·伽达默尔（Hans-Georg Gadamer）和科斯塔斯·阿克塞洛斯（Kostas Axelos）等人的现象学存在论，则将游戏提升到存在论的高度，认为游戏是存在进行自我揭示的超越性场域，是理解人类存在本质的重要途径，因此把游戏的地位提高到艺术之上。此外，被游戏研究所忽视的法国哲学家雅克·亨里约（Jacques Henriot）将游戏的本质归结为一种精神态度，即“玩感”所代表的游戏精神，强调游戏根植于玩家主体对自我的反思与创造性行动。这些理论传统共同奠定了电子游戏研究丰富而厚重的人文学基础。当然，与此同时，以约翰·冯·诺依曼（John von Neumann）、格雷戈里·贝特森（Gregory Bateson）等人为代表的科学系统论谱系，则从规则、计算机语言、程序与机制的角度分析游戏的认知与交流特征。

从人文学与艺术理论的视角来看，电子游戏研究绝不能停留于单纯的技术与机制分析，也应深入哲学、历史、艺术史等人文学科的核心问题之中。电子游戏不仅是一种娱乐方式，更是一种独特的存在显现的场域。它以数字技术为基础，重新定义了主体与客体、真实与虚拟之间的关系，挑战了传统的人文学科范畴与理论框架。例如，从艺术理论的视角出发，电子游戏要求玩家借助动觉（kinaesthesia）而非仅凭视觉或听觉来进行审美体验，这种动觉性的主体参与，与传统艺术的静观式审美完全不同。此外，电子游戏以交互性与程序性为基础，在历史和文化记忆的建构中发挥着重要作用，许多电子游戏不仅再现了历史，更借助游戏机制创造出一种新的历史叙事方式，重塑了我们对历史事件与文化遗产的理解。电子游戏的历史也伴随着社会空间的建构与演化，从社会公共空间里的街机到依托客厅文化的家庭游戏机，电子游戏不断切割和创造人与人之间新的社会关系和场域。电子游戏研究的人文学维度还体现为对伦理问题与主体性问题的深入反思。在人工智能技术高速发展的背景下，电子游戏中的AI角色逐渐展现出类似主体性的特征，这种数字主体性不仅挑战了我们对传统主体观念的认知，也迫使我们重新思考伦理与道德的界限。电子游戏的人文学研究，正是要深入探讨这些由技术变革带来的深刻哲学、历史与伦理议题。从数字人类学的视角审视，电子游戏创造的新型“后人类存在形态”，实质上正在重塑人类的主体性定义，其研究价值亟待从人文学科拓展至数字文明整体框架。

本套“游戏文化经典译丛”正是基于上述的紧迫性与必要性而推出的。译丛精选了西方电子游戏研究领域最具代表性和影响力的经典著作，希望通过翻译介绍这些重要的思想成果，弥补国内电子游戏研究在人文学科视野和理论深度上的不足。我们期望通过这套译丛，不仅能够为国内学界提供丰富的理论资源，引发更深入、更具创造性的学术讨论，更能够推动电子游戏研究从技术主义的狭隘视角走向更加开放的人文学视野，真正实现从历史、哲学、艺术理论等多重维度对电子游戏的全面理解，并期待得到学者和游戏爱好者的支持，推动我们通过电子游戏更深刻地理解技术时代的人类处境，回应数字文化带来的种种挑战与机遇。

李　洋
北京大学艺术学院教授

特隆将至。

——豪尔赫·路易斯·博尔赫斯

The world will be Tlön.

—Jorge Luis Borges

目 录

致 谢

这个项目最大的挑战在于，要以一种全局性的方式处理玩家体验时所涉及的学科跨度。即使在相关领域已有一定的研究积累，也很难精通所有领域。能够得到来自不同学科和学术背景的人群的建议和反馈，我感到三生有幸，是他们的助力使这本书成为可能。

首先，我要感谢那些在我博士阶段滋养我的思想，指导和支持我的导师们：沃里克·泰（Warwick Tie）和乔·格里克斯蒂（Joe Grixti），感谢与他们良有启发的交谈，以及他们愿意相信这是一个值得开展的项目；感谢布莱恩·奥皮（Brian Opie）与我无尽的讨论、争论和鼓励；而最重要的是，感谢伊万·卡勒斯（Ivan Callus），他给予我终身受益的指引、信念和启蒙。

其次，要对我所有的同行深表感谢，他们对最终构成此书的材料予以足够耐心的讨论和审查：托马斯·马拉比（Thomas Malaby），蒂莫西·伯克

（Timothy Burke），埃斯本·阿尔萨斯（Espen Aarseth），T. L. 泰勒（T. L. Taylor），鲁恩·克莱维尔（Rune Klevjer），斯蒂芬·冈泽尔（Stephan Günzel），比亚克·利博里森（Bjarke Liboriussen），马尔科姆·扎米特（Malcolm Zammit），最后是皮潘·巴尔（Pippin Barr），他向来是批判性反馈最不可或缺的来源，也是一位出色的编辑。我也要感谢克里斯·博尔格·库塔贾尔（Chris Borg Cutajar）对网站所做的工作，以及设计插图和封面的斯特菲·德乔治奥（Steffi Degiorgio）。

最后，我要感谢安妮·哈马斯内斯（Anne Hamarsnes），是她的包容和爱意让我在整个过程中保持理智，是她的温润智慧在略显晦暗的日子里成为一盏指路明灯。谨将此书献给她。

引　言

虽然数字游戏问世不过刚刚30多年，但它们在流行文化中已然无所不在。自从第一代商业游戏机如雅达利VCS[①]（Atari VCS），计算机如Spectrum ZX[②]、Amstrad CPC[③]和康懋达64[④]（Commodore 64）问世以来，数字游戏迅速改造了媒介娱乐的景观。

在我的家乡马耳他的格兹拉村（Gzira），曾几何

① 雅达利于1977年发布的一款经典主机，VCS意为Video Computer System，全球销量突破1700万台，在游戏史上引发了巨大的影响。——译者注

② 英国Sinclair公司于1982年生产的一款8位的键盘式个人电脑。它被认为是有史以来最具影响力的计算机之一，也是英国有史以来最畅销的计算机之一，销量超过500万台。——译者注

③ Amstrad设计的一系列8位家用电脑，CPC是“彩色个人电脑”（Colour Personal Computer）的简称。它设计的目的是与Commodore 64和Spectrum ZX等主导型设备形成竞争。第一批型号于1984年4月在欧洲发布，随后在英国、法国、西班牙等欧洲地区成功地确立了自己的市场地位，累计销量约300万台。——译者注

④ 也被称为C64，是美国康懋达国际（Commodore International）公司在1982年1月推出的一款8位家用电脑，它已被作为有史以来最畅销的电脑型号被列入吉尼斯世界纪录，全球销量在1250万到1700万台之间。——译者注

时，一到放学，屋顶和街道上都是成群结队踢足球的孩子。然而，康懋达阿米加[1]（Commodore Amiga）上市以后，街道和屋顶就人去楼空了。现在，每当学校铃声响起，蜂拥而出的孩子们书包上系着的是游戏手柄，而不再是足球。足球比赛被搬到了室内那些少数拥有阿米加的幸运儿家里。在像格兹拉这样地狭人稠的村镇里，数字游戏提供了一个不被打扰的游玩场地，在这里，不会有汽车横穿我们用粉笔画的足球场。由阿米加引发的室内迁徙潮，不仅是我们这些孩子的福祉，我们忧心忡忡的父母，以及厌倦了不停地按喇叭、等待我们让路的汽车司机们也同样会感到欣慰。

数字游戏[2]之所以受欢迎，除了能使我们超越环境的现实局限，它们还将我们的想象力带向了屏幕显现的目之所及之地。我们不需要再驰骋于脑海中所畅想的茂林和山脉之间，它们已尽收眼底。由于我生活的岛上缺乏这样的地貌特征，过去我们总是把它们与喜爱的奇幻文学中的描述关联起来。对于那些从未走出国门的马耳他孩子来说，森林和山脉就是幻想的源

① 康懋达在 1985 年推出的一系列个人电脑家族。——译者注

② 在本书中，我将使用“数字游戏”（digital game）一词，而不是“电脑游戏”（computer game）或“视频游戏”（video game），以保持其普遍适用性，不会偏重任何特定的硬件平台。

泉，而有机会置身于这些奇观之中，即使仅仅是以抽象方式呈现的模拟，也足以构成数字游戏引人入胜的一面。另外，数字游戏也为《劲射入网》（*Kick-Off*，迪诺·迪尼，1989）类的游戏提供了一种竞技架构，在其中，游戏规则由机器承载，提供了一个更加平衡的竞技环境。上述两种广义的参与形式通常共存于同一个环境中，单人游戏中有一名玩家[①]探索游戏环境，其他人的意见则仅供参考，除非从他手中夺走手柄。

与计算机的早期接触，使我和我的朋友们对置身控制回路[②]之中感到舒适，及至它们在我们成年后成为日常生活中不可或缺的组成部分。游戏让我们与机器建立了一种早已习以为常的共生关系。我们在对这种技术的适应中长大，它不仅能愉悦我们，便利工作和生活，而且最终会改变我们的思考方式和社会行为。第一代游戏少年怀着巨大的热情投入游戏所建

① 虽然本书提出的概念模型也适用于相近的图形虚拟环境家族，但为了强调本工作的游戏性根源，并突出所有文本参与的内在主观维度，我坚持使用“玩家”（player）而非“用户”（user）一词。

② 本书将cybernetic circuits 译为“控制回路”，此处引用赛斯·吉丁斯（Seth Giddings）的说法，他认为，“玩电子游戏就是把自己接入一个控制回路（To play a digital game is to plug oneself into a cybernetic circuit）。任何特定的游戏事件都是通过计算机组件、人的感知、想象力和运动能力，以及从虚拟环境到智能代理的软件要素之间的反馈（feedback）实现的”。——译者注

构的迷人的控制回路中，我也是他们中的一员。诚然，数字游戏并非与计算机互动的唯一场所，但即使到了20世纪80年代末，它们无疑仍然是最普遍的控制论交互方式。这种说法由此引发了一个问题：究竟是什么让数字游戏如此引人入胜？本书将尝试给出一个答案。

玩家与游戏之间的关系产生了一种新颖的参与形式，需要用专门的理论加以理解。这并不是说在其他媒介语境下所发展出的有关涉入[①]的观点无足轻重，而是鉴于数字游戏的特定特征，或者至少是其中的部分子集，需要超越这些理论以进行更透彻的分析。对数字游戏中玩家涉入的研究需要进一步延展，甚至是重新思考。本书将在充分引入游戏特性与特质的基础上，提供一个关于数字游戏中玩家涉入的新视角。该视角具象于玩家涉入模型中，涵盖了数字游戏涉入——从一般性动机和吸引力到对游戏过程中瞬时涉入的详细分析。

玩家涉入的一个重要元素是玩家与游戏环境之间主观边际的消解，通常会产生一种置身于屏幕上

---

① 为有效区别极为相近但意涵略有不同的术语，本书把engagement统一译为“参与”，involvement统一译为“涉入”。——译者注

所呈现的空间中的感觉。这种现象通常被称为在场（presence）和沉浸（immersion）。后者是一个在公众和学术语境中关于游戏涉入更常用的术语，但是对它的泛化使用也削弱了其分析价值。同理，鉴于在场理论相关领域的主要研究者经常在含义背离甚至冲突的情况下使用这个术语，“在场”一词也随之受到影响。因此，本书将检视这两个术语的应用场景，并提出一种更精准的、专门针对游戏环境的概念。本书不会将在场或沉浸视为一类孤立的体验现象，而是将其视为由游戏涉入所产生的各种体验现象的融合。这些体验现象由玩家涉入模型逐一描述，它们在经过加强和内化的交融中有可能最终实现“归化”（incorporation）[①]，这是本书对在场/沉浸困境的回应。虽然归化最终也会变成像在场、沉浸一样的隐喻，但它避免了这两个术语中存在的其他诸多歧义，更重要的是，它为研究者们提供了一个更坚实的概念基础。

① “归化”这个词原指某人在出生国以外自愿、主动取得其他国家国籍的行为。本书译者选择用该术语来表达作者试图描述的自愿悬置现实真实感而进入数字世界的沉浸体验，类似于中文中的“归一”。请读者暂时忽视该词原初的政治含义。

简　述

数字游戏构成了一个广泛的媒介对象谱系，其中一些在构成特征上差异如此之大，以至于它们很难被看作一个同质性整体。尽管我们为《侠盗猎车手Ⅳ》（*Grand Theft Auto IV*，摇滚之星北部，2008）和《俄罗斯方块》（*Tetris*，阿列克谢·帕基特诺夫，1985）都贴上了游戏（game）的标签，但二者如此迥异，以至于任何将它们视为同一媒介对象而生发的讨论，都容易产生有损分析严谨性的泛泛之论。第一章讨论了游戏研究领域的研究者们在定义游戏时遭遇的困境，并试图在不局限于游戏本体论定义的情况下描述它们的构成元素。这个框架将构成本书其余部分检视数字游戏的观念基础。它阐明了模型架构的合理性，并讨论了其形成的理论基础和预设。

第二章将分别考察在场和沉浸这两种相关的现象，以及它们在在场理论和游戏研究中的应用方式。这些术语一直充斥着含糊和混杂不清的情况，本章概述了在游戏研究的语境下，理解它们所指涉的体验现象时会面临的四大挑战。

第三章介绍了通过质性研究所生成的玩家涉入模型。它由两个时间相位组成，并阐释了二者之间的关系：宏观相位，以表征特定游戏中的离线涉入；微观相位，以表征在游戏过程中的瞬时涉入。在对注意力（attention）理论进行简要论述之后，该章讨论了游戏涉入和电影、文学等其他媒介的涉入之间的差异。本章还会将玩家涉入这一问题，同趣味性（fun）问题和魔圈[①]概念相区分。

第四章至第九章详细描述了构成玩家涉入模型的六个维度。每个维度都被分为两个涉入相位进行讨论：宏观涉入和微观涉入。宏观涉入包括所有非实际游戏状态下的涉入形式。涵盖游戏对首次游玩的最初吸引力，之后复返游戏世界的动因，参与游戏所孕育的社群，以及围绕游戏实例的其他离线状态下的筹谋和思虑。微观涉入则在各个对应的维度下描述了瞬时

① 魔圈是荷兰历史学家约翰·赫伊津哈在《游戏的人》（*Homo Ludens*）一书中提出的一个核心概念，关于这个概念，本书后文中还将详细阐释，此处暂且粗略理解为，经由现实的物理边界（例如球场）或想象的虚拟边界（例如游戏规则）限定而生成的独立空间。尽管这一概念并不完全适用于电子游戏，但仍然被游戏研究者大量采用，用以指代一个游戏通过游玩而产生意义的空间，当玩家决定参与游戏时，即视为被允许/同意进入其中。——译者注

涉入的特征。它涉及玩家涉入的六个维度：控制和动作（动觉涉入，kinesthetic involvement）；探索和认知游戏的空间（空间涉入，spatial involvement）；与其他同在这个领域的代理（人类或AI）之间的共存、合作与竞争（共享涉入，shared involvement）；形成一个延续性的故事，以及与游戏中预设的叙事脚本进行互动（叙事涉入，narrative involvement）；游戏过程中产生的情感（情感涉入，affective involvement）；以及为了达成游戏预设目标和自我设定目标而进行的决策（游玩涉入，ludic involvement）。

第十章讨论了归化现象。本章将论述归化这一具体的构想如何避免在第二章中所概述的四种概念挑战。它也认为归化是比在场和沉浸更准确的隐喻。在本章的后半部分，通过两位研究参与者所描述的归化体验的实例，检视了这种体验如何经由玩家涉入模型中若干维度的组合而产生。

总体而言，本书提供了一种对于数字游戏中的涉入的全新表述方式，并在此过程中重构了沉浸的概念，将之视为一种多元的体验现象。

在对现象本身进行精准的概念化重构中，至关重要的部分是我引入了一个新的术语——归化（incorporation)。对于构成虚拟环境栖居感的重重复杂因素而言，这个术语可以导出一种更令人满意的阐释，因此可以为各领域的研究者和实践者提供一个更有益的概念。玩家涉入模型则旨在建构一个普适性、系统性的框架，以促进该领域更为深入的研究。

第一章　超越游戏的游戏

游戏分析的视角非常多样化。总体来说，既有研究倾向于偏重下述三个关键领域中的一个：游戏作为媒介对象的形式因素，游玩过程的体验和主观感受，以及游戏社群的社会文化。上述三者并非孤立的类别，必然会互相启发，而研究会秉持一个主要观点，这通常受到研究者学术背景的影响。本书主要关注游玩的体验性层面，但其他两个视角必然会影响我们对玩家涉入的探索——游戏的外部形式和更高阶的社会问题往往会有益于揭示游戏体验本身。

分析玩家涉入与沉浸的体验会面临挑战，在此之前，我们必须首先解决关于该领域本身的一些更为基础性的问题。在本章中，我将在广泛而多样化的游戏家族中划定本书主要讨论的成员，并对它们的要素加以描述。此类描述将阐明当我在本书的其余章节中使用玩家（players）、规则（rules）和环境属性（environmental properties）等核心术语时所指为何。

游戏的复杂性

游戏是一种复杂的社会现象，难以进行整体性分类。试图制定一种固化、普适的游戏定义只会挂一漏万，遗漏某些特定游戏的重要方面。然而，这些遗漏本身通常与其所覆盖的范围同样发人深省，提醒我们理解游戏在社会现实中的角色时应基于多种视角。游戏映射出了创制它们的社会和文化的诸多方面，而游戏也同时在此过程中反作用于社会。因此，理解游戏是一种不断探索其中的群体知识和社会实践的递归过程。

让理解游戏的过程变得愈加复杂化的是，游戏行为往往同时发生在两个领域：玩家的主观体验和可见的游玩实作。游玩包含一系列操作，移动棋盘上的一个棋子，按下手柄上的一系列按钮，或持球冲向远处的白线。最重要的是，一个游戏仅在被游玩时才成为游戏；在此之前，它只是一套静候人类参与的规则和游戏道具。

人的主观性在游戏进程中居于核心地位，这也是游戏理论家在分析过程中所面临的最大挑战。而由于"游戏"（game）这个术语包括了各种不同的活动，这些困难只会有增无减。尽管打扑克、击剑和《侠盗猎车手Ⅳ》都隶属于游戏这一大类，但上述每一种游戏都会涉及完全不同的参与形式。特别是数字游戏，更为复杂性增加了一个等级。

尽管我们为了方便起见而把《侠盗猎车手Ⅳ》称为"一个游戏"，但更确切地说，它更应该被视为一个内嵌了许多游戏并带有线性故事线的虚拟环境，玩家可以通过完成一系列类游戏行为来推进故事情节。当一名或多名玩家进入《侠盗猎车手Ⅳ》中的自由城（Liberty City）时，他们可以参与已经预先封包在系统中的预设游戏，或者他们可以选择在虚拟游乐场内创建自己的游戏。他们所玩的游戏的规则体系要么由软件本身来执行，要么由社交共识来约束（例如对于非数字游戏）。此外，玩家们也可以选择以不那么游戏化的方式来玩，比如只是和朋友们一起驾车观光或者闲逛。总的来说，并非所有与我们称之为游戏的对象进行的互动都会产生类游戏行为。

作为家族的游戏

维特根斯坦（1997）建议不将游戏视为一个严格定义的集合，而是一个家族（family），其中的成员共享某些“家庭相似性”。这种概念的优点是，它不需要用一个单一的特征列表遍历我们称之为游戏的所有对象和活动，而是基于各个家族成员之间的交叠来生成一个集群概念。虽然出于分析的目的，我们可以划定边界，但必须清醒地意识到这种边界是人为限定的。当概述一组游戏的特性时，这些特性不必代表整体，而仅用于识别游戏大家族中的一个子集。

在游戏研究中，我们需要这种分析特异性，以避免出现一种情况，即分歧的出现并非基于具体的主张，而是由于不同论者将这些主张施用于不同的案例——就像阿恩·内斯（Arne Næss，2005，64）所说的“语言分歧”。虽然有理有据而容止有度的争议对于一个新领域的成长有所裨益，但那些基于语言分歧的争议无法就所讨论的事物达成共识，也鲜少做出有益的贡献。如果仔细阅读一下游戏研究中出现的核心争论，足以表明类似的问题已然存在。在下一章中，我们将讨论关于在场和沉浸概念的此类分歧。如果一位分析者使用《俄罗斯方块》作为例证来构建对这些术语的批判，而另一个人以《半条命 2》（*Half-Life 2*，维尔福软件公司，2004）这样的游戏为参照进行评论，由于后者所提供的参与形式与前者截然不同，讨论根本无法真正展开。

在游戏研究中，相当一部分不必要的复杂争议是由于对讨论的具体主体缺乏一致性而产生的。参与各方可能在讨论游戏，而没有明确指出他们在分析中实际考虑的是游戏家族中的哪些成员、虚拟环境，还是其混合物。本章的其余部分将概述一个描述性框架，用以识别构成游戏和虚拟环境的元素矩阵。本书所归纳的玩家涉入模型所涉及的游戏类型，就位于这两个对象家族的交汇处。

过程与对象

在讨论游戏时，可以进行的一个重要界定是作为对象抑或是作为过程的游戏。像《卡坦岛》（*Settlers*

of Catan，克劳斯·特伯，1995）这样的桌面游戏既包括一套物质对象和一套规则，也包括由这些对象和规则所构建的活动。这些规则可供一群玩家在他们的社会文化背景中进行阐释并实施。我们可以在与具体游玩场景相分离的情况下，讨论游戏作为对象的各个方面。关于《卡坦岛》，人们可以评议六边形棋盘的视觉特性或者卡组所使用的配色。人们可能会对游戏中强盗这个设定的价值有所褒贬，如果他们被放置在某个格子里，玩家就无法再从中获取资源。桌面游戏的谱系学则可能会讨论《卡坦岛》对后来者的影响等。

这种将对象和过程区隔开来的方式也可以适用于数字游戏。在这种情况下，规则被编码进游戏中而不是由玩家来维护，游玩过程中的物质对象是运行它们的软件和硬件设备，而不再是真实的棋子，但是将游戏视为一个与玩家互动相区隔的有形实体，这种思考方式的本质不变。在数字游戏中，对象通过代码和承载代码的物质媒介来描述。虽然将游戏视为对象的视角通常对实际游戏过程有重要影响，但我们需要承认，它们有失偏颇、并不完整。处于休眠中的代码、棋盘游戏道具或者规则，都具有一种仅在游戏过程中才会得以彰显的潜能。

这使得我们切入第二个视角：游戏作为过程。T. L. 泰勒（2006）和托马斯·马拉比（2007）等理论研究者最近提出了一些强有力的论据以支持过程化视角，可能是对一批重要文本都更加注重游戏作为对象而非过程的回应。马拉比认为："我们必须首先认识到的一点是，游戏是过程化的。每个游戏都是一个持续进行的过程。在游戏被游玩的进程中，始终包含着有可能产生新玩法和新意涵的潜力，甚或重构游戏本身。"（2007，8）

术语过程性（processual）指的是游戏在每次玩家参与中可能发生变化的潜能，为观察游戏提供了一种动态和递归的视角。过程性视角暗示游戏的延续性与其他领域的体验一脉相承。这意味着，我们无须将游戏概念化为某种独立的体验，正如一些游戏研究理论家（Salen and Zimmerman，2003；Juul，2005）使用"游戏态度"（Suits，1978，55）一词所暗示的那样，我们将在第三章中展开讨论；马拉比（2007）将游戏定义为一种过程，它会创制一些精巧的、不可预知的情境，能被进行意义深远、文化共通而开放式的阐释。因此，游戏实践和随之产生的意义都会因时而异。

数字游戏的元素

与诸如杰斯珀·尤尔（Jesper Juul，2005）或凯蒂·萨伦（Katie Salen）和埃里克·齐默尔曼（Eric Zimmerman，2003）等理论研究者提出的游戏本体论定义不同，本书将采用维特根斯坦的观点，将游戏视为一个共享相似性的庞大家族中的部分成员。我们将重点关注虚拟环境游戏家族中的一个或一组子集。虚拟环境和数字游戏拥有一些共同的元素，这些元素相互作用以表达出不同的游戏配置。包括人类玩家、表征符号、游戏和环境的结构属性，以及将这些元素混合呈现的物质媒介。接下来将对上述每个元素进行描述。

玩　家

与本书的其他部分相一致，此处我将使用“玩家”（player）一词来指代与游戏系统互动的人类或非人代理。然而，“玩家”一词的使用不应仅仅局限于通常与游戏相关联的某些特性。我并不认同那种将参与游戏互动的人类代理与特定体验倾向相联系的游戏概念，例如“游戏性”（playfulness）（无论概念如何界定）。我使用“玩家”（player）一词而不是“人类代理”（human agent），只是沿用游戏研究的惯例。从将游戏作为对象的视角来看，玩家被看作理想化的或暗含的玩家。如果转而将游戏作为过程，玩家则被认为是现实的、具有主动性的玩家，还包括她在与游戏世界和游戏系统互动时所发生的一系列实践。这些实践始终与玩家的社会文化背景息息相关，并在个体与游戏互动之前和之中都发挥重要的形塑作用。

在作为对象的游戏实施的过程中，通常情况下，与同一结构、符号和媒介互动的不同玩家实际上体验到的是不同的游戏。比如我玩《使命召唤 4》（*Call of Duty IV*，Infinity Ward 工作室，2007）中的多人联机团队死亡竞赛[①]，可能遵循着传统规则——即努力帮助我

① 团队死亡竞赛（Multiplayer Death-Match，TDM）也称团队死斗，是一种第一人称射击游戏中经常被使用的团队竞技模式。玩家需要与队友协同作战，共同消灭敌对阵营的对手，团队的积分会随着击杀数累积。因为能够提供高频的“爽感”而受到很多玩家喜爱。——译者注

的团队尽可能多地击杀敌人，而不送人头给对方。但与此同时，我的团队中可能有人却在玩着完全不同的游戏：试图从地图上最高的建筑物上跳下，同时杀死对手。尽管我们都在与同一个游戏对象互动，但衍生的游戏过程差异却如此之大，而足以被称为不同的游戏。这个有自杀倾向的玩家的目标不仅与我不同，甚至完全矛盾。

表征符号

这个框架中的第二个元素即表征符号，指的是一个更普遍意义上的表意实体，无论是字母、数字文本、图像还是声音。因此，*表征符号*（representational sign）指的是可诠释、可表征的元素，玩家借助它们与游戏进行互动。对于数字游戏而言，支配人工智能代理人行为和木栅栏材料密度的表征符号可能是由相同的代码构成，但是出于分析的目的，将这两种代码配置相区别是有意义的，因为它们在游戏对象和过程中扮演着非常不同的功能。

编码规则

在《赛博文本：遍历文学的视野》(*Cybertext: Perspectives on Ergodic Literature*，1997）一书中，作者埃斯本·阿尔萨斯（Espen Aarseth）认为在遍历媒介中，“表面符号”（40）的功能与生成它的内部代码的机械运作有着强关联。阿尔萨斯区分了遍历媒介中符号的过程生产形式，他将代码与其解释性表象之间的关系称为“非平凡的”（1）：它们是相生的。相比之下，有许多文本是经由多层文本性而实现的结果。例如，大声朗读的文学文本是印刷书籍的可听性派生。阿尔萨斯将这样的例证称为“平凡的”（1），意味着一种表现层是另一层的衍生物。代码与可解释的符号之间的非琐碎关系，是使得赛博符号与其印刷物前身处于不同层级的关键所在。

规则是游戏家族所有成员的共同特征，因此在游戏中始终存在。然而，规则的形式因游戏而异，并常常受到玩家或玩家群体对游戏看法的影响而有所更易。在模拟游戏中，规则由游戏规定，但是否遵循则取决于社会惯例。这经常导致玩家通过协商来制订规则，并根据他们的喜好进行修改。

对于数字游戏而言，规则被编码在软件之中因此更难修改。玩家需要修改游戏的实际准则方能改变规则。在多人游戏中，我们经常会看到编码规则和社会协商规则共存的情况。例如，在《反恐精英：起源》（*Counter-Strike: Source*，维尔福软件公司，2004）中，某个战队可能使用游戏中编制的标准规则，但是不允许在比赛服务器上使用狙击枪。玩家仍然可以购买被禁止的狙击枪，但会受到警告，如果他们屡教不改，通常会被服务器封禁。即使在有编码游戏规则的环境中，协商仍然存在，通常仍然包含由社群共同制订的例行规则元素。

（模拟）环境属性

只要游戏发生在模拟物理属性的人造环境中，就会存在模拟环境属性。这不仅限于计算机生成的环境，纸笔游戏也可以通过游戏系统进行模拟。例如，一个角色扮演桌面游戏的游戏系统规定，从三米之外坠落至坚硬地面将导致受伤者受到3D6点的伤害，这就为世界赋予了物质结构，使虚拟形象具备了额外的实体，将其变成一个模拟模型。计算机生成的环境将其物理属性硬编码在其中。《使命召唤4》中的砖块具有一定密度，可以抵御9mm口径手枪的子弹，但会被M4A1更大口径的5.56mm子弹击穿。同样，玩家的化身可以以预设的速度奔跑、行走和匍匐前进。所有这些环境的细节都影响着游戏规则，并且在创建平衡和愉悦的游戏体验方面至关重要。但是，计算机生成环境和模拟环境之间的差异再次被提及，在前者中，环境机制由计算机维系；而在后者中，它们由玩家按照规定的、通常是经过修改的系统来维系。

模拟环境属性的复杂性因虚拟环境的不同而异，从少数物理参数的简单抽象，如《乓》(*Pong*，雅达利，1972)，到对物理世界的方方面面更加完整（虽然总是局部）的模拟，如《孤岛危机》[1]（*Crysis*，Crytek Frankfurt工作室，2007）和《使命召唤：现代战争2》（*Call of Duty: Modern Warfare 2*，Infinity Ward工作室，

① 《孤岛危机》是一款以科幻为题材的第一人称射击游戏，由德国游戏开发商Crytek制作开发，并由美国艺电发行，是“孤岛危机三部曲”的第一部。由于游戏画面过于精美，让当时的很多消费显卡难以支持，被游戏玩家戏称为“显卡危机”。——译者注

2009）的游戏。

物质媒介

游戏物质化的特殊性必须加以考虑。即使在讨论同一款游戏时，其在PlayStation 3上实际的呈现方式与在个人电脑上也会有所差异，对其形式和体验会产生不同程度的影响。例如，使用PlayStation 3控制器玩即时战略游戏与使用鼠标在个人电脑上玩同一款游戏完全不同。不同类型的硬件还能为游戏提供不同的社交环境。例如，任天堂DS系统是手持设备，体积足够小以至可以放入夹克口袋，并可通过红外端口轻松连接，由此可以提供更多样化的环境，带来与家用电脑不同的体验。

这种差异在设想用代码表达桌面游戏规则时会更加明显。尽管无论是在电脑上还是使用实体纸牌玩《卡坦岛》，规则都是相同的，但玩游戏的实践和体验会有所不同。实体棋盘、资源卡手牌和游戏棋子的缺失，会使《卡坦岛》呈现出截然不同的样貌。是否可以或应该将其称为完全不同的游戏并不重要，重要的是需要有一个恰当的分析工具来解释这些差异。

作为混合物的数字游戏

数字游戏的出现所带来的复杂性正在持续扩增。这种复杂性最主要的来源在于，现在所称的游戏中有相当一部分实际上是包含一个或多个游戏的扩展虚拟环境。在这些游戏中，如果我们不得不将这个框架应用到像《侠盗猎车手Ⅳ》这样的游戏中，会看到许多不同的游戏规则簇同时存在于同一个环境中，将其视为一个单一的游戏并不足以解释所有规则。构成虚拟环境的物质媒介、符号和环境属性对于所有嵌入的游戏来说是相同的，但是在每个案例中，惯例（社会共识）规则、编码规则和玩家特征可能会有所变化。每个嵌入其中的游戏都有自己的编码规则，在多人游戏的情况下，还有自己的惯例规则。

在维特根斯坦（1997）的术语中，像《侠盗猎车手Ⅳ》、《魔兽世界》（*World of Warcraft*，暴雪娱乐，2004）和《半条命 2》这样的当代数字游戏是归属于两个家族的成员，他们有着相似的特点，既有虚拟环境的特征，又有游戏的特征，因此形成了一个从这两方面派生出来的子家族。很显然，那些试图涵盖数字游戏和桌游这两种形式的游戏定义难以满足两者的要求。正如瑞恩（2006）所称，数字游戏（以及此前的桌面角色扮演游戏）使得传统游戏的规则系统与其此前媒介的虚构和叙事要素得以结合。

为了解释虚拟环境中游戏的混合性质，本书的余下部分将把设定在虚拟环境中的游戏家族成员称为虚拟游戏环境（virtual game environments），或简称为游戏环境（game environments）。“虚拟游戏环境”这个词虽然有些拗口，但涵盖了虚拟环境和游戏这两大家族的交叉点，将发生在虚拟环境中的游戏与其他非虚拟环境中的游戏相区分。像纸牌游戏的数字化版本，如红心大战或扑克牌，或者像填字游戏、数独等益智游戏，并不属于虚拟游戏环境形式，因此在本书的余下内容中不会详细考察。相反，我将主要侧重于那些向玩家呈现一个虚拟世界，使之能够在其中参与各种活动的游戏，比如《半条命 2》和《魔兽世界》。

第二章　沉浸

通过植入神经电极与虚拟现实机器连接的俯卧身体，是赛博朋克电影的惯用形象。如果不是偶尔的抽动和痉挛暗示此人可能实际上沉浸在幻梦之中，他看起来就像是已然死了。然而，这并不是寻常梦境；它是随心所欲的清醒梦，一种按次付费的表演，在一个如此真假难辨的虚拟世界内，令人难以区分真实与虚幻。赛博朋克文学和电影中这个流行的“梗”也在公众话语、市场营销，以及围绕游戏的学术讨论中反复出现。

虚拟现实技术的出现让此类体验成为日常生活中触手可及的部分。它可被视为长期以来试图创造虚拟环境的巅峰之作，以让观众产生身临其境之感。奥利弗·格劳（Oliver Grau，2003）称，这种创造“密闭幻觉空间”的偏好有着深远的历史背景，可以追溯到公元前 60 年，那时罗马的某些房舍中设有专门模拟彼岸世界的房间。创造一种全息媒介体验也是安德烈·巴赞（André Bazin）所关注的问题。他在其 1946

年颇具影响力的文章《完整电影的神话》（The Myth of Total Cinema）中指出，电影和所有机械复制技术的最终目标是创造“一种完整的现实表象……一个声音、颜色和立面都完美复刻外部世界的幻象”（Bazin，1967，20）。

虚拟现实所构造的表现空间不仅提供了一种视觉上的包裹，而且还允许人们在其中移动和行动。早在1965年，伊万·萨瑟兰（Ivan Sutherland）就试图实现这一技术之梦，他创制的一个被称为“终极显示器”（The Ultimate Display）的样机，就是今天头戴式设备的笨重版本（Sutherland，1965，1968）。

萨瑟兰的创新为“在场”的概念赋予了新的含义，超越了当时任何最具蛊惑力的表现媒介。描述这种体验现象的最广为人知的术语就是在场（presence）[①]（Minsky，1980）和沉浸（immersion）（Murray，1998）。

虽然学界关于“在场”或“沉浸”体验的重要性已经达成共识，但对于这些术语的确切含义仍存在理解上的混淆。这种分歧阻碍了概念化的进展（Slater，2003；Waterworth and Waterworth，2003），并

① 1980年，明斯基提出的原始技术术语是“遥在”（telepresence），但在当代讨论中，这一术语已被缩略为“在场”。

削弱了它们的实用性（Ermi and Mayra，2005）。这对于游戏研究来说尤其成问题，许多理论家已指出，这些术语所指涉的体验现象构成玩家体验的重要组成部分（Ermi and Mayra，2005；King and Krzywinska，2006；Tamborini and Skalski，2006；Brown and Cairns，2004；Jennett et al.，2008）。在这两个术语中，“沉浸”（immersion）尤其令人费解，因为它也被用于描述非遍历媒介的体验，如绘画（Grau，2003）、文学（Nell，1988）和电影（Bazin，1967），它们所提供的参与方式都与游戏环境有本质不同。

在场理论中的在场和沉浸

在场（presence）源自*遥在*（telepresence），这是马文·明斯基（Marvin Minsky，1980）在他的文章《遥在》（Telepresence）中创造的一个术语。在这篇文章中，明斯基描述了远程操作机器如何创造一种存在于遥远空间的感觉。这种存在感是通过操作者的行动与并发的视频、音频和触觉反馈共同组合而创建的。我们需要一个术语来解释对于两个空间中行动潜力的认

识：物理上相邻和物理上远隔。明斯基的主要关注点是设计能够产生足够强烈的存在感的硬件，以促进远程操控："发展遥在的最大挑战是实现那种'在场'的感觉。遥在是否能成为真实事物的真正替代品？我们是否能够自然而舒适地将人造设备与人类有机体的感知机制相结合，协同作用？"明斯基（Minsky, 1980, 48）提出的问题不仅在远程机器人领域引起了重视，而且在虚拟现实技术中也变得至关重要，这个领域长期把培育强烈的遥在感作为首要任务。这些关注不仅涉及界面设计问题，更重要的是涉及虚拟现实环境自身的设计。明斯基的思想指引一群研究者形成了"在场"的理论领域，致力于研究这一现象。该学术共同体试图确定存在感的定义，并找到测量的最佳方法，以便指导虚拟现实环境和相应硬件的设计。

然而，在场理论的研究史充满了定义上的冲突。"在场"涉及在虚拟环境中的身临其境之感，除了这一普遍共识，对于领域内主要术语的定义存在相当大的分歧。从明斯基最初的术语"遥在"开始，第一次分歧发生在1992年学术期刊《在场》（*Presence*）发行之时。在创刊号中，托马斯·谢里丹（Thomas Sheridan, 1992）将遥在（telepresence）一词用于远程操作的情形，并创造了“虚拟在场”（virtual presence）这个术语，专门指代虚拟环境中的临场感。而理查德·赫尔德（Richard Held）和尼尔·德拉赫（Nathaniel Durlach，1992）则将该术语同时用于指代上述两种情况。后来，存在理论的文章中完全放弃了“遥在”一词，而使用“在场”来统称虚拟环境和实际环境中的体验。

其中的差异不仅仅体现在术语层面，还体现在本体论层面。在当代在场理论中，赫尔德和德拉赫观点的主导地位导致人们普遍认为虚拟环境和现实环境中的在场体验是等效的，正如这段评论所说：“重要的是，多感官刺激来自物理环境和媒介环境。媒介或现实世界产生的刺激没有内在差异——我们能够在哪个环境中感觉到在场，取决于在特定时刻占主导地位的知觉是什么。”（Ijsselsteijn and Riva，2003，6）

在声称虚拟环境和现实环境中产生的刺激等效时，维南德·艾塞尔斯坦（Wijnand Ijsselsteijn）和朱塞佩·里瓦（Giuseppe Riva）忽视了数字设计环境的人为性质以及由此产生的交互和诠释模式。换句话说，关于这两种环境中参与者的存在模式在本质上无异这一起始假设，忽视了每种实践形式在本质上可能的不同。即使虚拟环境被设计成适用于更加开放的行为方式，例如虚拟世界《第二人生》(*Second Life*，林登实验室，2003)，我们没有确凿的证据表明，玩家在互动中的某一刻会对环境的设计性本质感到迷惑。这并不是说虚拟环境没有促进各种复杂互动形式的能力，而是说它们的设计本质无法完全被玩家忽视。

由于未对来自现实环境和虚拟环境中的刺激进行区分，艾塞尔斯坦和里瓦加剧了对于在场（presence）和沉浸（immersion）这两个术语的概念混淆。声称来自媒介的刺激与来自物理世界的刺激并无分别，进而即可论证技术媒介的特性将决定用户与该媒介互动时的体验。我们将在下文看到，这一假设为理解“在场”现象造成了一些概念上的麻烦。

梅尔·斯莱特（Mel Slater）是这一观点的忠实拥趸，认为高保真音响系统能使听众感觉仿佛在聆听管弦乐现场演奏，不论他们是否对音乐本身感兴趣：

> 假设你闭上眼睛，聆听四声道音响系统播放音乐。“哇！”你感叹道，“就像在剧院里听乐团现场演奏一样。”这种说法是在场的一种迹象。然后你接着说：“但音乐本身真的了无意趣，几分钟后我的思绪就开始飘飘然，丧失了兴趣。”这第二种说

法无关乎在场（*nothing to do with presence*）。你不会因为音乐无聊就得出结论，你不曾拥有在剧院里听乐团演奏的幻觉。第一种说法是关于形式的。第二种说法是关于内容的。在场关乎形式，即模拟感官数据与知觉处理的协调达到了某种程度，从而产生了一个具有连贯性的“场所”，你“身在”其中，甚至有可能在这个场所里行动。第二种说法是关于内容的。一个（虚拟环境）系统可以强烈地引发在场感，但其内容可能非常无趣，不引人入胜（一如现实生活！）。（Slater，2003，607）

此处存在一种假设，保真度对听众的意识产生了无法抗拒的吸引力，从而创造了在场。这种对媒介技术的设想，没有充分重视诠释和能动性在创造在场感方面的关键作用。诠释并不必然是一种下意识的行为。大多数与环境之间的交互之所以成为可能，是因为我们对环境方方面面的运作方式拥有内化的知识。当面对无法立即进行诠释的体验时，我们的在场感会批判性地疏离，必须主动思考自己在做的事情（海德格尔，1993）。先前的经验、期望和知识共同构成这种诠释关系的重要部分。因此，如果你从未亲历过一场古典音乐会，甚至连视频也没有看过，你可能就无法像斯莱特所描述的那样在听音响时感到“在场”。实际上，内容的性质会与参与者的诠释系统和其先前的生活经验密切相关，对于产生“在场感”至关重要。尽管高保真系统是增强体验强度的重要组成，但它们本身并不创造在场感。

正如前文所述，游戏研究领域的发展因对术语在场（presence）和沉浸（immersion）的使用缺乏一致性而受阻。这两个术语有时可以互相替换，有时则会被赋予更具体和互补的含义（Ijsselsteijn and Riva，2003）。理论研究者在应用中也常常发生冲突或矛盾。例如，梅尔·斯莱特和西尔维娅·威尔伯（Sylvia Wilbur，1997）将沉浸（immersion）定义为“一种对技术的描述，用以形容计算机能够向人类参与者的感官传递现实错觉的能力，这种错觉包容而广泛、萦绕而逼真”（606）。

斯莱特和威尔伯以“沉浸”和“在场”相对比，将后者定义为“一种意识状态，即仿佛身在虚拟环境中的一种（心理）知觉”（607）。斯莱特（2003）随之进一步界定了这种差异，将沉浸描述为“对于技术所呈现之物的客观审视”，而将在场描述为“对沉浸的人为感受”（1）。基于这一观点，*沉浸*（immersion）一词被用来描述硬件的情感特性，而在场则是对该技术的心理反馈。与之相反，鲍勃·威特默（Bob Witmer）和迈克尔·辛格（Michael Singer，1998）将沉浸感视为“一种心理状态，其特征在于感知到自己被环绕、包含其中，并与提供持续刺激和体验的环境相互动”（227）。

威特默和辛格对于*沉浸*（immersion）一词的使用方式，近似于斯莱特和威尔伯对于*在场*（presence）一词的使用，即将其视为涉入和沉浸的混合产物。在下节中我们将会看到，这也是游戏研究中最常见的对于沉浸的论点，源于布伦达·劳雷尔（Brenda Laurel，1991）和珍妮特·默里（1998）对该术语的使用。新近的研究（Van den Hoogen，Ijsselsteijn，and De Kort，2009；Ijsselsteijn，2004；Rettie，2004）从对于在场感的前行研究出发，遵循斯莱特对于沉浸概念的理解，即将其视为技术的客观属性，将在场感作为对上述技术属性的心理反应。

斯莱特的观点造成的另一问题，是对遍历性媒介（如游戏）和非遍历性媒介（如电影和文学）中的涉入和在场不加区分。一方面，技术特性被认为是在场的决定性因素，而另一方面，媒介特性和可供性却被忽视了。认为人们可以在遍历性媒介和非遍历性媒介中都体验到在场感的观点，在相关研究中已成公论（Witmer and Singer，1998；Schubert and Crusius，2002；Gysbers et al.，2004；Marsh，2003；Lee，2004）。因此，研究者已将“在场感”这一概念延伸至本质上完全是纯粹概念的领域。即使我们认为特定媒介和文本的某些特质将承载这种体验，它仍属于主观想象的范畴。科学界最初创造出在场（presence）这一术语，是因为一种新技术催生出了一种前所未见、具有根本性差异的新体验。在这种情况下，“在场”表现为两种形式：在远程物理环境中操作机械所产生的“遥在”，以及栖居于虚拟环境意义上的“在场”。这两种体验的本质特质在于，系统能够识别并响应用户的行为和空间位置。将这一术语延展至文学、电影作品或臆想中的想象性“在场”，未免忽略了其中的核心问题：该术语是对特定技术生成现象的描述和探索。

鉴于遍历性媒介和非遍历性媒介之间的本质性差异，如果要更加精细地检视“在场”这一现象，非常关键的一点是，要区分到底是仅仅想象自己置身于某个场景中，还是真的置身于虚拟系统中的特定位置并被系统认定，这二者是完全不同的。在一个想象的场景中，发生的一切都是由想象者主导的意念，她通常知道自己正在导演着某种场景和其中的事件。而在游戏世界中，我们可以认为玩家通过她的化身被锚定（anchored），允许游戏的环境和实体与她相互动。游戏的这一属性将从根本上改变玩家在世界中的自我认知，而在文学、电影或个体幻想中则并不存在这一属性。当我们在电影或书中与某个角色发生共鸣，或者想象自己和主人公在同一个房间里时，我们无法改变事件的进程，也无法发挥能动性。同样，这些媒介所呈现的环境和角色也无法对我们的存在做出反馈，无论我们对它们有多强烈的认同。

存在即透明

作为调和该领域内各种分歧的尝试，马修·伦巴德（Matthew Lombardi）和特里萨·迪顿（Theresa Ditton，1997）考察了文献中对在场的各种用法。他们确定了在场的六种表征："作为社会丰度的在场"

（presence as social richness），“作为写实主义的在场”（presence as realism），“作为代入感的在场”（presence as transportation），“作为沉浸的在场”（presence as immersion），“作为媒介内行动者的在场”（presence as social actor within a medium），以及“作为行动者媒介的在场”（presence as medium as social actor）。从这六种概念中，他们找到了一个共通的线索，用以提出在场（presence）的定义：“非介入的知觉错觉”（the perceptual illusion of non-mediation）。他们进一步将“作为沉浸的在场”这一类别分为知觉沉浸和心理沉浸。知觉沉浸类似于斯莱特和威尔伯（1997）的观点，将沉浸感视为硬件对用户感官的影响。心理沉浸则相当于布朗（Brown）和凯尔恩斯（Cairns，2004），道格拉斯（Douglas）和哈格顿（Hargadon，2001），埃尔米（Ermi）和迈拉（Mayra，2005），詹妮特（Jennett）等（2008），萨伦和齐默尔曼（2003）等人所使用的专注式沉浸（immersion as absorption）的隐喻。

伦巴德和迪顿对在场的定义指向了杰伊·博尔特（Jay Bolter）和理查德·格鲁辛（Richard Grusin，1999）所称的“透明即时性逻辑”现象的一个重要维度（23）。这里所称的透明性是指界面的透明性。透明性抹去了界面，使观众或用户能够尽可能直接地体验所呈现的空间。透明性的技术把内容和形式结合起来，提供了“非介入的知觉错觉”（Lombard and Ditton，1997）。但正如在美学研究诸领域中所论述的那样，透明性并非仅存在于虚拟环境中。正如前文所提到的，格劳（2003）将绘制“密闭幻觉空间”中的沉浸感溯源至古罗马的别墅中：

> 当艺术品和技术装置、信息和感知媒介汇聚成一个不可分割的整体时，沉浸感由此而生。在这种经由计算产生的“一体化”时刻，被视为独立美学对象的艺术品，可以在限定时刻消失，即对幻觉的感知从有意识变为无意识的瞬间。一般来说，沉浸原则可用于将幻觉媒介的装置从观察者的感知中抽离，以使信息的传递强度最大化。媒介变得无形。（349）

正如博尔特和格鲁辛（1999）所述，透明性逻辑是沉浸于虚拟环境中的一个显著特征。尽管博尔特和格鲁辛、格劳（2003）、伦巴德和迪顿（1997）等将媒介和文本的透明性视为沉浸感的一个重要特质，但单靠透明性本身并不足以描述体验现象的诸多维度。

伦巴德和迪顿的在场概念在实际分析中未能衍生出丰富的成果。例如，艾莉森·麦克马汉（Alison McMahan，2003）在《沉浸，参与和在场：一种分析3D电子游戏的方法》（Immersion，Engagement，and Presence：A Method for Analyzing 3-D Video Games）中，将伦巴德和迪顿的概念应用于分析游戏《神秘岛Ⅲ：放逐》（Presto 工作室，2001）。然而，麦克马汉的论文不过是根据伦巴德和迪顿（1997）的六个沉浸类别对游戏特征进行了描述性罗列。这导致了游戏各个方面特征的固化，没有彰显出《神秘岛Ⅲ：放逐》在构造在场感方面的具体优势。例如，在描述社交现实主义时，麦克马汉提出：

> 玩家无法在玻璃或水中看到自己的倒影，甚至在低头时无法看到自己的脚，但他们可以乘坐电梯、飞艇以及其他相关的装置，可以翻阅书页，近距离观察物品，甚至“捡起”某些物品以及操作机械装置。由于这些设定，游戏具有极高的社交真实感，因为这个奇幻世界中的大多数元素都非常接近我们所处世界中的情形。（81）

类此说法同样适用于大多数其他相似类型的数字游戏。机械装置可以被操作，车辆用于通行，书页可以被翻动。但这并没有使我们更进一步理解游戏中的“在场”。而当她转向沉浸时，麦克马汉依照游戏研究中的一种普遍趋势，将沉浸感概念化为参与的一种形式，从而偏离了在场感理论中更常见的情感沉浸的含义。

游戏研究中的在场和沉浸

除了在场理论，沉浸最常出现在数字游戏的语境之中。然而，这个术语的应用却千差万别：它被用来指涉多种体验状态，如普遍意义上的参与感、现实感知、成瘾、悬置现实感、与游戏角色的认同等。如果说在产业或公众语境下，这种含义的多元性还是可以理解的，但这种现象在游戏的学术研究中也很常见。鉴于沉浸和在场所指涉的现象在塑造数字游戏体验方面越来越重要，我们需要一条更加精准的路径。

随着计算机图形和音频表现能力的增强，游戏公司已经开始使用“沉浸式的”作为宣传文案来推广他们的游戏。最初，这一策略几乎专门用于宣传逼真的图形，但现在也用于其他特性，例如游戏世界的宏大、游戏AI或引人入胜的叙事：

《野蛮人柯南》（*Conan*）将MMO类游戏的图形提升到了一个新的水平！借助于最新和最先进的技术以及令人惊叹的艺术指导，《野蛮人柯南》中的视觉呈现将使您沉浸于一个在以往任何在线幻想宇宙中都未曾见过的世界中。（丰乐公司，2006）

《极品飞车：地下狂飙2》（*Need For Speed: Underground 2*）发生在一个庞大而自由飞驰的城市中，拥有五个独特而道路相通的街区，会带给您一个沉浸式的游戏世界，任君驰骋。（美国艺电公司，2006）

《半条命》（*Half-Life*）将打击感和沉浸式叙事相融合，震撼了整个游戏行业。（维尔福软件公司，2004）

在这些及其他未举示例中隐含着一个基本预设，沉浸感是游戏中一种提供正向体验的特质，是消费者梦寐以求的。沉浸感时而被视为游戏行业竞相追逐的圣杯，因为它关乎一种玩家深入游戏世界的参与感，让他们感觉自己就是那个世界中的一部分。此中回响着一种赛博朋克的浪漫主义，也许还有一种未言明的理想，类似于《黑客帝国》（莉莉·沃卓斯基和拉娜·沃卓斯基，1999）中的虚拟现实，完全取代了物理意义上的存在。

凯蒂·萨伦和埃里克·齐默尔曼（2003）就曾经批判过这种完全沉浸的理想，他们认为太多的设计师都在游戏设计中受迫于对于拟真的追逐。他们引用弗朗索瓦·拉拉梅（François Laramée）的论断来作为一个代表性例证："所有形式的娱乐都在努力创造一种悬置错觉，让玩家的主观意识忘记正处于娱乐之中，而将它所感知的事物视为现实。"（Laramée，引自Salen and Zimmerman，2003，450）。萨伦和齐默尔曼强烈反对这一观点，称其为"沉浸谬误"（immersive fallacy）：

> 沉浸谬误是指一种观点，认为媒体体验的乐趣在于其能够在感官上将参与者带入一种虚幻的模拟现实。这种现实是如此完整，以至于理想情况下，游戏框架会消失，使玩家真正相信自己就是虚构世界的一部分。（451-452）

对于萨伦和齐默尔曼来说，对感官沉浸的追求并非游戏乐趣和游戏参与最重要的方面。他们反而主张设计师应开发出更加引人入胜的游戏机制，并援引埃琳娜·戈芬凯尔（Elena Gorfinkel）关于沉浸感的观点作为支撑：

> 这段对话会出现混淆，是因再现策略与沉浸效果被混为一谈。沉浸本身并不局限于对现实的复制或模仿。例如，人们也会沉浸于《俄罗斯方块》这款游戏之中。因此，对游戏玩法的沉浸至少与对游戏再现空间的沉浸同等重要。（Gorfinkel，引自Salen and Zimmerman，2003，452）

《俄罗斯方块》之于萨伦和齐默尔曼而言是一个很好的例子，以显示“沉浸并不局限于对现实的感官复制”（Salen and Zimmerman，2003，170）。他们正确地凸显了将沉浸与再现模拟等同起来可能带来的问题，以及不把高拟真度作为唯一追求的游戏设计原则所具有的优点。但这一观点也牺牲了在对虚拟环境的讨论中“沉浸”一词所逐渐积累出的特定意涵。当戈芬凯尔说一个人可以沉浸在《俄罗斯方块》中时，她指的是《牛津英语词典》(2003)中这个词更普遍、原初、在非虚拟环境下的词义:“专注于某种状态、行动、兴趣等。”在这个意义上,人们在做填字游戏时可以和在《半条命2》中同等沉浸。我们将这种沉浸称为专注式沉浸(immersion as absorption)。

此处的问题在于,作为专注(absorption)的沉浸(immersion)摒弃了这一概念在虚拟环境下的研究实作,无论是人文科学(Murray,1998;Ryan,2001;Laurel,1991)还是在场理论(Steuer,1992;Tamborini Skalski,2006;Ijsselsteijn,2004;Ijsselsteijn Riva,2003;Waterworth and Waterworth,2003;Slater,2003)。我们将沉浸感的第二种用法称为作为代入感的沉浸感(immersion as transportation),指的是身临其境地存在于另一个空间之中。因此,像《半条命2》这样的游戏不仅向玩家呈现了一种引人入胜的玩法,还提供了一个可供探索的世界。玩家们将这个游戏世界以隐喻式的可栖居空间内化于游戏过程中,可以看作被代入(transported)到了那个世界。这种体验得以实现,是通过玩家们的化身将他们锚定在游戏世界中的特定位置,使得游戏世界及其居民,包括其他玩家,可以与之进行互动。

像《俄罗斯方块》、《宝石迷阵》(*Bejeweled*，宝开游戏，2001)或《伊莉丝》(*Eliss*，Steph Thirion，2009)这样的游戏并不提供这种栖居空间。至少有两个原因。首先，这些游戏不会通过环境位置来确认玩家的存在。在上述情况下，玩家操控游戏中的对象(方块、宝石、行星)，但自身不会在游戏实体中具象化。其次，这些游戏的环境会在一屏上完整呈现，没有在连续空间中移动的元素。这种情形也同样适用于策略类游戏，玩家在其中操控多种微缩模型或是集团单位，像国家，而不会通过化身在游戏世界中实现数字化具身。游戏世界被抽象为一张地图(map)而非空间环境，玩家处于概念空间而非栖居空间之中。

在重点关注像《俄罗斯方块》这样的游戏中作为专注感的沉浸体验时，戈芬凯尔、萨伦和齐默尔曼淡化了空间性的重要性，这是虚拟环境语境之下沉浸现象的一个特征性定义。玛丽-劳尔·瑞安(Marie-Laure Ryan，2001)认为，空间的表征，无论是内部生成还是图形化呈现，是主观沉浸体验的关键特征之一："要使文本具有沉浸性，它必须创造一个读者、观众或玩家能够交互的空间，并在这个空间中填充个体化的对象……为实现沉浸，文本必须提供一个可以沉浸其中

的广阔领域，而这个领域，用一个显著的'隐'喻来形容，并不是一片海洋，而是一个文本世界。"（90）

对于类似"沉浸"这样的术语，它已经在其话语领域内积累并形成了特定的含义，但一个学科领域仍然在更原始、一般性的意义上使用它，这只会适得其反。特别是当理论家们未在具体研究中澄清使用的是这两个含义中的哪一个，这种情形尤其凸显。作为专注感的沉浸，以及作为代入感的沉浸，当二者之间的界限被模糊，也掩盖了一个事实，即游戏环境能够催生与其他媒介本质性不同的参与形式。这样的做法削减了游戏研究可用的批判性语汇，而非有所贡献。

不幸的是，有关沉浸的混淆在该领域的文献和讨论中普遍存在。例如，乔恩·多维（Jon Dovey）和海伦·肯尼迪（Helen Kennedy，2006）将沉浸（immersion）和参与（engagement）这两个术语替换使用，以指代数字游戏富有吸引力的这种特质：

> 游戏世界中的沉浸或参与特性，可能解释了随着玩家技能的提高，时间感知或身体不适逐渐消退的作用方式。这是计算机游戏特有的时间经济中关键的一面。游玩体验似乎超越日常时间的现

象太过司空见惯——我们一坐下来玩游戏，就会发现数小时弹指过尽，仿佛仅仅过了几分钟。（8）

多维和肯尼迪提到的这种引人入胜的特质，既不是游戏环境所特有的，也不因其而生。作为专注体验的沉浸感同样适用于园艺或烹饪，一如在游戏环境中一样。

虽然术语使用本身无可非议，但却忽略了在讨论游戏环境时至关重要而更加具象的“代入”之义。

在维克多·奈尔（Victor Nell，1988）阅读心理学研究的基础之上，简·道格拉斯（Jane Douglas）和安德鲁·哈格顿（Andrew Hargadon，2001）出于读者或玩家的批判性立场（他们并没有明辨二者）区分了沉浸和参与。在沉浸的情形之下，“感知、反应和交互都发生在文本框架内，文本本身通常提供了一个单一的图式和几个明确的脚本，用于高度定向的互动”（Douglas and Hargadon，2001，152）。他们将此与参与状态对比，认为后者是更加独立和批判性的体验方式，适用于更复杂的文本。参与需要更有意识的诠释性实践，其结果是与文本的非连续性互动：“相反，在我们所定义的‘参与型情感体验’中，矛盾或违背常规图式的要素会扰乱读者对文本的沉浸，迫使他们以超文本的视角来检视文本本身，包括塑造文本的图式和其中的脚本运作。”（152）

这种概念认识到一种从有意识关注到无意识涉入的连续性，对于理解与游戏的交互过程至关重要。然而，当作者们忽视文学作品和游戏显著的本质性差异，以及随之提供的参与形式也迥然不同时，这种观点将经不起推敲：“具有讽刺意味的是，翻阅巴尔扎克、狄更斯，或者说，朱迪思·克兰茨（Judith Krantz）作品的读者，会步入同样的沉浸状态，沉浸于同样高度连续的认知负荷，正如那个专心对付《太空侵略者》（*Space Invaders*）的小男孩一样。”（Douglas and Hargadon，2001，157）书籍的读者们可能会想象自己置身于文学作品所描述的空间世界中，只是那个世界并不承认他们的存在。不同的是，游戏环境通过识别和响应玩家的存在，提供了一种异向性的栖居。另外，书本并未提供实际（而非想象）的可能性，使读者能在它们所描述的世界内行动。因此，道格拉斯和哈格顿对沉浸的论述仍限于各种形式的参与，而没有捕捉到作为代入感的沉浸这一现象的独特性。

艾米丽·布朗和保罗·凯恩斯（2004）同样将沉

浸（immersion）作为专注（absorption）的同义词来使用，描述了三种程度的沉浸：参与（engagement）、全神贯注（engrossment）和完全沉浸（total immersion）。参与（engagement）描述了玩家对于游戏交互的兴趣。这是最基本的涉入形式，布朗和凯恩斯将其与游戏互动的欲望和能力挂钩。全神贯注（engrossment）描述了一种更深层次的参与，其特点是对游戏的情感羁绊。他们也将这种情感效应的作用程度和对自我及周围环境意识的丧失相联系。尽管在与游戏相关的或日常的生活体验中，情感效应确实与自我及周围环境意识的丧失相联系，我们也会把它们交织在一起，但它们似乎并非固有地互相联系，布朗和凯恩斯并未提供可能存在这种联系的解释。最后，作者认为完全沉浸（total immersion）是最强烈的参与形式，并认为这种状态与在场完全同义。

布朗和凯恩斯对于涉入程度递增的强调，无疑是对游戏所承载的参与度强度变化的有益认知。但是，这种对于沉浸的概念化的问题在于，它混杂了我们所探讨的两种隐喻。在前两个级别中，沉浸被与专注同等而视，但在程度最强烈的完全沉浸阶段，这一隐喻又转向了作为代入的沉浸。一方面，这项研究认为递增的涉入度是作为代入感的沉浸得以发生的前提，这是有效的，但另一方面，亦存在问题，布朗和凯恩斯的构想加剧了围绕沉浸（immersion）相关定义的混乱，而这正是作者们本来试图解决的问题。

凯恩斯等人（2006）在之后的一篇文章中对沉浸感进行了概念化，将其定义为“涉入电脑游戏的程度”（para 8），并设计了一个实验旨在量化沉浸度。该实验提出了两个假设：第一，游戏过程中的沉浸度将高于反复用鼠标点击按钮的对照任务组；第二，与控制对照任务相比，在游戏后进行七巧板活动的参与者将表现较差。第二个假设基于这样一个前提：“如果一个人在某个替代性的游戏世界中‘在场’，那么当他们‘复返’真实世界时，可能会发生有一些可测度的影响。”（para 8）这是对这些术语进行混用的另一个实例。虽然研究人员开始探究作为专注的沉浸，但他们所做出假设的底层基础被与虚拟世界中的在场感相联系，而内生于沉浸作为代入这一隐喻。这会造成一个问题，因为无法分辨实验所得出的结论到底是与专注还是代入的隐喻有关。该研究的第二个问题是，尽管它声称探讨了游戏的某种特有的现象，但完成后续任务能力的受损程度与其他任意深度涉入的认知任务所引发的后续情形也同样相关。这种受损与游玩的具体体验，或者体验性世界的转换无关，而是认知调试和认知疲劳作用的结果。我们都有过这种经历，在进行高密集度的认知活动后会暂时无法集中注意力，无论是阅读书籍还是观看电视节目。对沉浸的这种泛化认知使得量化测量变得举步维艰，甚至根本不可能，除非我们对各种形式的涉入进行了充分的探索、概念化和测试。

劳拉·埃尔米（Laura Ermi）和弗朗斯·迈拉（Frans Mayra，2005）指出了布朗和凯恩斯（2004）研究中的缺项，提出了一个基于三种沉浸模式的多维模型：感官沉浸、挑战性沉浸和想象式沉浸。感官沉浸涉及与游戏的表征、视听层级的交互。挑战性沉浸涉及在克服游戏中提出的挑战时所使用的心智和运动技能。想象式沉浸似乎是一个涵盖各项的综合类别，包括对于角色的认同，到与游戏叙事和游戏世界进行交互等各方面。

埃尔米和迈拉的“游戏体验模型”对该领域做出了重要贡献，它承认涉入是一个多维现象。与之同等重要的是，它强调了游戏和其他媒介涉入之间的区别。埃尔米和迈拉在使用作为专注的沉浸这一概念时也一以贯之，这是他们从一系列与儿童的访谈中得出的。当然，如果一个术语已经得到了充分的定义，就没有理由不在特定意义上使用它，但是试图通过询问普通公众来实证性地确定像沉浸这样的术语的含义，不免存在困难。普通公众通常不会意识到该术语的理论内涵，因此会给出更为普遍性的观点。当该术语在研究领域中以更口语化的方式使用时，这就成了一个问题，因为它与更学术化的技术性定义会发生冲突。

四大挑战

理论概念和隐喻逐渐积累产生了一种特定的含义，这种含义不一定能在它们的学术语境之外进行转译。如果我们想描述游戏中更一般性的涉入形式，我们可以不使用与沉浸理论相关联的术语，比如参与（engagement）、专注（absorption）或者涉入（involvement）。埃尔米和迈拉（2005）的研究可以更有用地套用于这些术语的语境，而不会引发关于如何定义沉浸的困惑。在理论视角方面真正出现问题，就是当前述所引用的研究（Jennett et al.，2008；Ermi and

Mayra，2005；Brown and Cairns，2004；Cairns et al.，2006）在讨论涉入概念时，它们提到了关于在场和涉入（在栖居于虚拟环境方面）的讨论，旨在更清楚地理解这些概念，但最终只不过在涉入这一更普遍性的意义上提出了对于沉浸的认识。这些术语可能相同，但他们所讨论的体验现象本身并不相同。

如果不清楚我们所开展的研究中最核心的术语实际上在口语和学术领域中有着双重含义，势必导致研究进展受阻。这并不是说，我们不需要研究作为专注和涉入的沉浸。恰恰相反：我们的研究正需以涉入为基础，但我们最好避免混淆而以其本名指代——涉入（involvement）。

在本章中，我们由此确定了理解沉浸的四个关键挑战：

1. 作为专注的沉浸vs. 作为代入的沉浸

使用沉浸一词来指代更一般意义上对于某种媒介的涉入（Salen and Zimmerman，2003；Jennett et al.，2008；Ermi and Mayra，2005），或者用于指代对另一种现实的代入（Murray，1998；Laurel，1991；Carr，2006），研究者们对此缺乏共识。有时情况会尤其棘手，当研究人员没有明确使用这些术语中的哪一个，或者他们在同一项研究中摇摆不定时（Brown and Cairns，2004；Cairns et al.，2006）。

2. 非遍历媒介中的沉浸

如果要精准描述沉浸，无论是作为专注还是代入，我们都需要认识到所讨论的媒介的特殊性。遍历媒介与非遍历媒介中的沉浸绝不是一回事。面对像代入式沉浸这样一个复杂且前意识的现象，如果我们尝试将这一概念扩展到性质迥异的多种媒介之上，参与方式的可供性也完全不同，挑战将大大增加。

3. 技术决定论

尽管媒介的具体细节对我们理解其提供的体验至关重要，但我们应避免认为这种体验是由技术的特性所决定的。例如，更大的屏幕和更高的保真度可能会使用户更容易集中注意力，持续关注内容呈现，但这并不一定意味着用户更会在其所描绘的环境中体会到在场感。

4. 对沉浸的整体观点

会导致第三个挑战中所述现象的一个主要因素

是，无论将沉浸定义为专注还是代入，两者都由多种体验现象所构成，而非我们能够观察和测量的单一体验。构成涉入现象的各种经验形式，需要基于关注强度的连续谱系加以考虑，而不是一种非此即彼的二进制开关。

无论我们使用哪个术语，无论是试图厘清在场还是沉浸，或者提出新的隐喻，正如我们在这里所做的一样，必须首先解决这一挑战，才可能取得进一步的进展。

迈向解决的探索

虚拟环境提供了一种前所未见的特殊形式的介入体验。不同学科领域已经提出了两个术语来表述这种体验现象。技术专家、媒介心理学研究者和人机交互的研究人员，还有其他人群，将这种体验称为在场（presence），而人文学者和社会科学家则使用了沉浸（immersion）的隐喻。这两个术语都应用广泛，亦由此饱受争议，主要是源于它们所涵盖的领域的广度。

这并不意味着我们不能在探索这一现象方面取得

进展，但需要对这种尝试的局限性有一种更切实的认识。因此，要理解在虚拟环境中的栖居之感，第一步是确立清晰而准确的术语，将媒介的特性纳入其中，但不对这些特定特征如何决定体验做出规范性陈述。为了做到这一点，我们需要对那些印刻在隐喻中的暗示和假设进行批判。

虚拟环境中的“在场”这一体验现象是如此复杂，以至于任何研究都必须首先考虑其关键性的先决条件：涉入。如果我们不将注意力投向其中并与环境互动，就感受不到任何在场感。因此，我们需要一个模型来理解玩家在虚拟游戏环境中的涉入。一旦各种涉入形式得以概述，我们就可以继续研究这些形式如何在意识中结合和互动，从而产生在场感。这里有一个基本假设，无论我们决定如何界定这种现象，它都不会是单一的、铁板一块的经验形式，而会从这些涉入形式的组合中涌现。为了限定和研究这些与体验现象相关的诸多未知因素，我们必须将研究范围限制在虚拟游戏环境的具体特性上。因此，本书的其余部分将提出一个模型用以理解玩家在虚拟游戏环境中的涉入。

第三章 玩家涉入模型

模型的概观

第二章揭示了更深度理解“沉浸”和“在场”所面临的关键挑战。为了应对这些挑战，首先我将建立对玩家涉入更优化的理解。涉入是体验更高阶认知过程（如在场感或沉浸感）的先决条件，就像注意力是涉入的先决条件一样。因此，在尝试对这种本质上结合了多种涉入维度的潜意识经验现象进行公式化之前，建立一个全面的涉入模型会是有意义的。

第二章已经描述了综合性概念框架的阙如，即一个用来从多个维度理解数字游戏和虚拟世界中的玩家涉入以至沉浸的框架。因此，我在初步研究的基础上得出这一结论后，感到重要的不仅是将该主题的理论成果与我个人的游戏经验所得出的观察相联系，还要观察参与同一游戏世界的其他玩家同样基于个人经验所得出的观点，具体而言，需要通过一系列焦点小组讨论和深度访谈来进行。本章将简要概述创建玩家涉入模型的研究过程，以及建构模型时的理论思考，并对模型的各部分进行概览。

研究过程

本章提出的玩家涉入模型是基于三年质性研究的成果，主要聚焦于两款主流但截然不同的大型多人在线游戏（MMOGs）:《魔兽世界》（*World of Warcraft*，暴雪娱乐，2004），一个典型的大型多人在线角色扮演游戏（MMORPGs）；以及《星际Online》（*PlanetSide*，索尼在线娱乐，2003），一款大型多人在线第一人称射击游戏（MMOFPS）。由于研究对象具有极为繁复的体验和丰富多变的属性，我们采用了定性方法，该方法得到了其他虚拟世界的研究者，如T.L. 泰勒（2006）、康斯坦斯·施泰因库勒（Constance Steinkuehler，2005）和利斯贝思·克拉斯特鲁普（Lisbeth Klastrup，2004）的支持。

主要研究方法包括深入参与两个选定的游戏环境、多次焦点小组讨论以及对在游戏中招募的 25 名深度体验的玩家进行深入访谈。这些研究方法得到了多方支持，如与研究虚拟世界的学者进行讨论，参与在线论坛，监测玩家博客以及观看玩家制作的引擎电影（machinima）。

采访是分析的核心数据来源，采用了半结构化的形式，分为两个单独的场次，每次持续时间长达两个小时。每次访谈都在被访问者所参与游戏的虚拟环境内进行，以进一步激发其记忆并凸显其与游戏世界的关联。访谈遵循宽松的结构化时间表，始终侧重于与沉浸体验相关的经历。

数据在访谈的间隙进行编码和分析，并在其间更新访谈日程表以反映参与者的意见。随着时间的推移，从访谈中涌现出一些重要主题，玩家涉入模型就是基于这些数据的显著特征而建立的。

模型结构

在分析为这个项目收集的定性研究数据时，我明确地发现区分游戏中的不同参与类型非常重要，即吸引玩家涉入游戏的方面，与最初吸引玩家涉入游戏并使其不断回归游戏的方面。

我称其为微观涉入（micro-involvement）与宏观涉入（macro-involvement）。让我们通过一个简短的例子说明它们各自涵盖了哪些内容。

基于我个人的经验，我发现《帝国：全面战争》（*Empire: Total War*，Creative Assembly，2009）这款游戏中最让我深度涉入的是多人在线战役。在这里，你选择并操控一支18世纪的军队，与一名人类对手进行实时对战。游戏的核心是使用战役发起人设定的有限资金来建立自己的军队。接下来，所有玩家在规定的区域部署他们的军队，游戏正式开始。我在游戏过程中制订的计划和选择，在战场上对个体单位的控制，以及我试图碾压对手的努力，都是我在游戏中从不同方面深度涉入的例证。这些在游玩过程中的涉入都属于微观涉入的组成部分。

当我关闭电脑上床睡觉时，会情不自禁地继续思考新的军队配置以及其他调用某个单位的方式。和许多玩家一样，我会反思刚刚的战役，思考战术为什么有成有败。在《帝国：全面战争》中，战役模式始于1700年，允许玩家管理游戏中的众多势力之一，力求成为当时世界上最强大的帝国。关于如何进一步扩张领土、处理与邻国恶化的关系，人们不仅在游戏过程中制订这些计划，在离线思考游戏时也会进行，比如在搭乘火车或其他不需要全神贯注的情境中。我将这种持续与游戏互动的动机，及其驱动离线思考的动力称为宏观涉入。

玩家涉入模型确定了涉入的六个维度，每个维度以两个时间相位（phases）进行考量：宏观和微观。这六个维度（dimensions）对应于从研究数据分析中得出的重点聚类。这些维度并非孤立存在，而是始终相互关联，此处的人为拆分只是出于分析需要。在诠释和沟通的过程中，这些维度是在无意识中被玩家体验的，因此在注意和引导既定现实方面起着重要作用。在玩家涉入模型中，这种现实主要由游戏环境中所产生的刺激构成，但有时刺激源自周围的物理环境。

维度在性质上是层叠及透明的。这意味着一个维度会影响另一个维度的感知和互动。而维度是透明的，即它们的层叠不会遮蔽下层，但会改变彼此的感知。玩家涉入模型的各个维度在游戏体验中互相融合，引入或抽离某个维度，会影响其他维度的运作方式。

玩家涉入模型的六个维度包括动觉涉入（kinesthetic involvement）、空间涉入（spatial involvement）、

共享涉入（shared involvement）、叙事涉入（narrative involvement）、情感涉入（affective involvement）和游玩涉入（ludic involvement）。接下来的章节将详细阐述每个维度的宏观和微观相位，而本章将对每个维度进行简要概述。

宏观涉入

正如卡洛琳·波尔斯（Karolien Poels，2009）所指出的，游戏体验的研究主要集中在游戏过程中。然而，有些同样会形塑玩家对游戏观感和态度的因素，则源自游戏体验前后的思想、设计、感受和期望。在我的研究中，从参与者们的叙述中经常可见类似关于脱机涉入形式的例证：对于紧密团结的社群的归属感、制订可在未来尝试的策略和计划、对于继续揭晓游戏叙事或探索游戏世界中的新领域的兴趣、渴望提升自己的技能并超越他人，或者仅仅是渴望置身于精心渲染的梦幻场景之中。这种脱机涉入通过模型的宏观相位来描述。它所涉及的游戏动机和持续参与需要通过考察涉入模型中六个维度的长程（而非即时性）因素。

波尔斯等（2010）进行了两项主要聚焦于他们称为“后游戏体验”（postgame experiences）的专题小组研究。他们的发现与我的非常吻合。其中的参与者报告了多种形式的后游戏参与，可以映射到玩家涉入模型的各个维度上。尽管波尔斯等研究的体验范围要比直接涉入更广泛，但他们的发现也证实了不将涉入分析限制于游戏过程本身的重要性。

后游戏体验可能多种多样，例如，从完成一个难以达成的游戏目标所带来的成就感（游玩涉入），到回顾自己的高端操作所带来的满足感（动觉涉入），再到在美不胜收的艺术环境中游历之后的内心宁和（空间涉入和情感涉入）。

前游戏体验也很重要，因为它们为个体的游戏会话提供了一个语境。这种涉入形式更难模型化，因为与微观相位不同，它们较少受到游戏模式的指引，但这并不意味着游戏的形态特征在宏观涉入中无关紧要。正如我们将在后面章节中展示的关于宏观维度的讨论，脱机涉入也会涉及制订获胜策略或规划角色等级的提升（游玩涉入），思考围绕特定角色的游戏叙事将如何展开（叙事涉入），或者为自己的战队或公会建设社区网站（共享涉入）。

玩家涉入模型的宏观相位同时覆盖了后游戏体验和前游戏体验。由于这个尺度在很大程度上作为游戏进行时刻的情境而存在，在接下来的章节中，我将首先逐一探讨与某个维度相关的一般性问题来建立框架，然后在每章的余下部分讨论实际的游戏体验及与之相关的微观涉入。

玩家涉入模型的宏观相位涉及长期性的游戏参与动机，以及非游戏状态的思考和活动，这些因素促使玩家不断复返游戏之中。在我的研究中，这样的例子广泛见于参与者的反馈中。他们在与其他玩家交流或通过在线资源和社区网站分享时，经常谈及自己在工作摸鱼时所制订的游戏计划和策略；也有参与者描述了他们如何建构游戏内角色的故事；大多数人都强调了这种持续的社交纽带对他们长期参与游戏至关重要。

Ludo Res[1]中的微观涉入

现在，我们将把注意力从吸引玩家涉入游戏的更

① 此处原书作者沿用了游戏学研究的一般传统，使用了拉丁文以代指“游戏情境”或“互动情景”。——译者注

广泛动机上转移开来，关注玩家涉入模型中“微观涉入”所描述的游戏过程中的即时参与。要形成一个分析和讨论游戏体验的概念工具包，首要步骤就是区分对媒介的一般性关注，与游戏过程中普遍存在的主动涉入形式。

所有形式的表象媒介都需要投入注意力才能加以诠释。没有注意力就不会有涉入。注意力（attention）这个术语一般指对于某些特定刺激或多种刺激所投入的精神资源。这其中涉及一系列互相作用的技能、过程和认知状态，以及与其他大脑活动的交互（Fan et al.，2002）。注意力贯穿于我们所发生的一切活动之中，对于知觉、思维、学习和行为表现都起着至关重要的作用。当大脑同时进行多项活动时，它们的协调执行也涉及注意力。

大多数时候，我们意识不到注意力如何影响我们的表现或行为。只在某些情况下，例如，当我们尝试理解复杂信息、习得新任务，或者参与不太熟悉的活动时，这个过程才变得更加显著。

在此类情况下，完成任务或者应对情况所需的信息可能超出我们的注意力系统能承载的负荷（Baddeley and Hitch，1994；Sturm and Willmes，2001）。

由于人类信息处理系统固有的容量限制，我们的注意力资源会被分配给那些与当下最切身相关的任务。学习特定任务需要能够关注相关刺激，随着信息被转化为长期记忆进行存储来习得，任务所需的行为则被内化而变得自动化。已经习得的任务因此需要更少的注意力资源，从而释放出更多资源以分配给新的任务。

虽然注意力是涉入的关键性先决条件，但它并不足以充分描述这种体验。因此，区分指向媒介的一般性注意与玩家的积极投入将会非常有益。观看电影并不需要与玩游戏或游历虚拟环境同等程度的涉入，如果将它们等而视之，将会忽略其各自的特性。这种从其他学科导入的分析框架未经修改即用于游戏研究的情况，时而给游戏研究造成困扰。埃斯本·阿尔萨斯（1997）的著作《赛博文本遍历文学的视野》中区分了文学作品的读者与电影观众——即他所称的“赛博文本”的运算者——之间的不同关系。赛博文本以可遍历性为特征：运算者（在我们的案例中为玩家）必须通过主动输入才能使文本最终生成。玩家通过她的输入重构了文本的构成。因此，遍历性表征了玩家在赛博通路中的积极参与，该通路由游戏硬件、表象层、底层规则与环境属性共同建构（Dovey and

Kennedy，2006）。

类似游玩游戏这类遍历性的参与形态，并不仅仅是一种直接输入。遍历过程中隐含的尝试首先是一种行动倾向（disposition）和意愿，而不仅仅是按下按钮或拉动操纵杆的动作本身。例如，策略游戏的乐趣之一在于需要付出思维努力，以制订特别出色的策略或走步。在非常引人入胜的游戏过程中，这些看似“无为”的阶段可能会很长，但我们无法将这些部分标记为非游戏性或遍历性，因为对于这些游戏家族的成员来说，这正归属于游戏的全部内容。

这种设定同样适用于动作游戏。例如在一款第一人称射击游戏《红色管弦乐》（*Red Orchestra*，Tripwire Interactive，2006）中，玩家俯卧在一座被摧毁的三层建筑的地板上，用狙击步枪掩护一条街道。视野里看不到敌人，但狙击手预计敌人会随时出现，因为这条街是地图上一个主要游戏目标的必经之路。长时间的缺乏交互会导致一种等待，然而，狙击手的工作特性就是这种耐心静候。尽管玩家没有进行直接的输入，但随时准备行动需要她保持警惕。任何时刻都可能会有人从街角冒出来，狙击手必须随时严阵以待，否则她的努力将付诸东流。

在《魔兽世界》的艾泽拉斯（Azeroth）中，通过查询游戏地图并规划从拉契特（Ratchet）到羽月要塞（Feathermoon）的危险旅程，也是一种重要的遍历形式。即使屏幕上没有发生明显的行动，玩家仍在通过思考付出与游戏相关的努力。游戏涉入不仅仅体现为玩家的直接操作和屏幕上的呈现，还体现为玩家的认知努力，而这种努力不一定以某种输入形式被记录。在战略游戏中规划一次移动显然需要这种努力，这也是遍历性非常重要的一个方面，就像前文《红色管弦乐》案例中讨论的行动准备一样重要。

玩家涉入模型的各个维度

动觉涉入

动觉涉入与虚拟环境中所有形式的角色扮演或游戏元素的控制方式相关，从学习控制到内化动作以至丝滑。当某些操作使玩家产生“在场感”时，这种涉入维度会要求更多的注意力，要么是因为玩家尚未完全掌握操作，要么是在某种情况下需要执行复杂而更具挑战性的动作序列。游戏环境所允许的自由度，以及控制学习曲线的陡峭程度，都会对玩家的涉入度有重要影响。关于动觉涉入将在第四章进行讨论。

空间涉入

空间涉入是第五章的重点，涉及玩家与虚拟环境空间特性的交互，包括空间控制、游历和探索。它涵盖了内化游戏空间的过程，这是让玩家有融入感——感觉自己栖身其中而不仅仅是感知空间表象的重要因素。

共享涉入

第六章的主题是共享涉入，涉及玩家在游戏环境中对其他行动者的感知和交互所产生的参与感。这些行动者可以是人类或由计算机控制的元素，其互动方式可以包括共栖（cohabitation）、合作（cooperation）和竞争（competition）。因此，共享涉入包括与共同环境中其他实体共生时的所有方面，从制订合作战略到讨论公会政治，或者仅仅是意识到一个事实，所有行为都发生在社交语境中。

叙事涉入

叙事涉入指的是与故事元素的交互，既包括游戏中内置的故事元素，也包括玩家在与游戏互动时所产生的故事元素。它涉及游戏中两个相互关联的叙事维度：脚本化嵌入游戏中的叙事和通过与游戏世界中内置的对象、人物、事件互动而产生的叙事。叙事涉入将在第七章讨论。

情感涉入

情感涉入维度涵盖了各种形式的情感交互。从与一个视觉友好的场景邂逅所带来的宁和心境，到第一人称在线射击游戏中的肾上腺素飙升，再到恐怖动作游戏中阴森场景的奇诡视效。情感涉入将是第八章的重点，涵盖了游戏中的情感修辞策略，有些是精心设计的，有些则由玩家对游戏事件的解读、与其他玩家的互动所引发。

游玩涉入

第九章讨论了游玩涉入，意指玩家在游戏中做出决策，以及这些决策的结果。这些决策可能导向游戏中的既定目标，或由玩家和玩家社群自定义；也可以是即兴而为，与任何总体性目标都不相关。经验丰富的玩家都了解，平衡性良好的游戏系统都会强调特定行动的机会成本，如果没有反馈，行动就会失去意义。

应用模型

当把玩家涉入模型应用于实际分析中时，并不要求所有维度都同等适用于特定游戏。例如，《上古卷轴Ⅳ：湮灭》（*The Elder Scrolls IV: Oblivion*，贝塞斯达软件工作室，2006）或《半条命2》中空间涉入的强度和复杂性远远超过《乓》。这并不意味着空间在《乓》这样的游戏中无足轻重，但与那些以精致的细节呈现全域的游戏环境相比，在《乓》中空间涉入的广度会严重受到限制。

模型中每个三角区的外缘代表注意力资源完全倾注于该涉入维度。在这种状态下，玩家将主要关注该维度。微观涉入尺度下每个维度的三角区逐渐收窄，表示内化过程，越向中心移动，需要集中于该涉入维度的注意力资源越减少。随着更多注意力资源的释放，玩家可以同时关注多个维度。越靠近中心，玩家可以同时关注的维度就越多。注意力的流向往往频繁变化，具有流动性，随着涉入的进行，多个维度会被组合、重组。

在动觉涉入维度中，玩家在游戏过程的初期通常将注意力集中在学习如何控制游戏上。遵循屏幕上的角色控制说明，或者查阅并重新分配键位，然后测试它们在游戏中感觉如何。随着玩家找到最顺手的配置或习惯于某种游戏默认的配置，他们的注意力就会从基本控制转移到游戏的其他方面。而当需要执行一项特别复杂的动作时，可能需要重新关注控制，直到习得操作为止，依此类推。正如前面讨论的，人类的注意力有上限，将更多的意识投放在一个维度上，会减少在其他维度的投放。当玩家将控制完全内化之后，他们就可以将更多的注意力资源投入到理解所在城市的布局上，或者制订策略以提升角色属性，凡此种种。在这种情况下，我们可以说玩家已经成功“内化”了控制：她已经达到了一种几乎无意识的动觉涉入水平。

由于玩家涉入模型处理的是一种极度主观的经验现象，因此维度会不断融合，指向每个维度和维度集群的注意力会从下意识向内化转变。在以图解和文本描述的方式建立表述这种动态现象的基础和语体的过程中，挑战在于，我们必须始终牢记这种经验自身会不断波动。因此，这里提出的模型具有模块化结构，维度在游戏过程中以不断流动的方式在图表中跨越重组。它还具有尺度上的可延展性，即每个维度代表一类体验，可以做进一步分析，细化其组成部分。在接下来的章节中，我们将对每个维度进行更详尽的描述。

总论："魔圈"理论

游戏研究中一个流传度极高的概念"魔圈"（赫伊津哈，1955）并未被纳入该模型。但由于此概念在游戏研究中被广泛使用，并且对游戏体验的本质论有重要影响，值得稍作阐述，并说明为何我将其排除在模型之外。

赫伊津哈（Huizinga）最早在《游戏的人：文化的游戏要素研究》（*Homo Ludens: A Study of the Play-Element in Culture*，1955）一书中提出了魔圈概念，已经被游戏研究的理论家们（例如，萨伦和齐默尔曼，2003；尤尔，2005）广泛采用，以阐明游戏与现实世界之间的空间、时间和心理界限。正如赫伊津哈（1955）所描述的魔圈：

> 一切游戏的进行和存在都限定在预先划定的场域，标定的边界既可能是物质的边界，也可能是想象中的边界；既可能是有意识划定的边界，也可能是理所当然的边界……角斗场、牌桌、魔术圈、神庙、舞台、屏幕、网球场、法庭等，无论在形态上还是功能上都是游戏场地，是禁止外人涉足的、孤立的，或用藩篱圈定的、神圣化的场地，遵守特定规则的场地。所有这些场地都是在日常世界中暂时圈定的，用作表演。(10)

赫伊津哈强调游戏作为“独立行为”的概念，他认为这是游戏发生的必要条件。他将游戏理解为“步出了‘真实的’生活，进入一个暂时的活动领域”(9)。根据赫伊津哈的观点，一切类型的游戏行为，无论是人类还是动物参与其中，都有某种形式的规则；而正是对这些规则的遵守和维护，构成并维系着“魔圈”(12)。

尽管赫伊津哈将游戏与现实相分离，但他的主要论点在于证明游戏元素渗透于（甚至先于）人类文化的所有方面。游戏的独立性与仪式的独立性相对应，赫伊津哈指出，仪式与游戏具有完全相同的特征：“从形式上说，为神圣的目的划定边界和纯粹为游戏的目的划定边界并没有区别。赛马场、网球场、棋盘、马路边的‘跳房子’游戏，在形式上和庙堂或魔圈并没有区别。”（20）

在《玩乐之道：游戏设计基础》（*Rules of Play: Game Design Fundamentals*，2003）一书中，萨伦和齐默尔曼应用了魔圈的概念来讨论游戏与“真实世界”的关系：

> 一个事实是，魔圈仅仅是——一个圈——这正是该概念的一个重要特征。作为一个封闭的界域，它所包围的空间与现实世界是分隔开来的……在魔圈内，特殊的含义会围绕物体和行为而积聚。实质上，一个由游戏规则定义、供玩家栖居的新现实被创造出来。（95-96）

萨伦和齐默尔曼通过比较无目的地耍弄物体的行为强调游戏有界性的重要性，即凯卢瓦（Caillois，1962）所称的paidia（戏耍）[①]，与如井字棋等形式基于规则的活动ludus（技游）相对比。自发的游戏行为

① 此处参照了余轶对于凯卢瓦《游戏与人》一书的翻译，参见：罗歇·凯卢瓦著，余轶译：《游戏与人》，北京联合出版社，2023年12月版。——译者注

被施以魔圈的结构化框架，从而成为游戏。萨伦和齐默尔曼进一步认为，围绕游戏的魔圈可以是开放或封闭的，这取决于观察者所持的视角，或者叫“图式”（schema）。游戏可以被视为由规则构成的系统，作为一种游戏活动，以及一种文化形式。在第一种情况下，游戏被认为是与外部世界完全隔离的封闭系统。在第二种情况下，游戏既可以是开放的也可以是封闭的，这取决于我们是否将游戏体验与玩家的生命史相区隔。最后，作为文化的游戏是具有渗透性边界的开放系统。

萨伦和齐默尔曼主张应以不加限制的视角看待游戏的文化模式，由此忽略了赫伊津哈作品中的核心观点。而证明文化建构具有类游戏性，从而与日常生活相区隔，正是赫伊津哈的中心立论。由于魔圈的概念居于赫伊津哈论点的中心，我们不能单纯地取用这一概念而不去考虑其主要论据。使混淆加剧之处在于，萨伦和齐默尔曼似乎在积极地倡导赫伊津哈的理论，同时又在未提出系统性批判的情况下与其主要论点背道而驰。一旦我们采纳这个术语，就得接受其对应的本体论，它明确区分了两组概念，“现实/严肃/实用”（reality/seriousness/utility），与“游戏/随性/无端”

（play/nonseriousness/gratuitousness）（Ehrmann，1968）。

埃尔曼（Ehrmann，1968）批判赫伊津哈将“日常生活”或“现实”看作一个固定的实体来与游戏进行比较、对比和测度。赫伊津哈默认存在一种“现实”，它总是带着踌躇不决的引号，以某种无须言明的方式与文化和/或游戏分离。但是，正如埃尔曼所指出的，现实脱离不了构建它的文化：

> 游戏因此并不与“现实”问题相关联（linked），而与文化问题相关联。它们是同一性的问题。在寻求解决方案时，如果将游戏视为现实的变体、评述、阐释或再现，方法论上是不可靠的。如果假装游戏就是模仿，将意味着问题的消解，不再成为问题。（33-34）

现实无法被封闭或开放的圈子所限制，即使我们认为这样的限制在逻辑上可行。现实并不囊括（contain）游戏；像任何社会文化建构一样，游戏是一种不易处理的对现实的彰显（manifestation）。对游戏的思考——无论是从游戏作为对象还是过程的角度，或者在更大的社区中审视游戏的角色——都是（is）

对现实的考量。正如泰勒（2006）所主张的，这样的视角忽略了对这些对象和过程更为扎根的分析，同时忽视了它们是日常现实的重要组成部分。

空间分隔

杰斯珀·尤尔（2005）同样借鉴了魔圈的概念，但他区分了两种情形，即其所谓的物理游戏，如足球或网球，以及数字游戏。他把魔圈概念用以讨论更为具象化的游戏空间的形式。尤尔称，物理游戏和桌面游戏是“更广阔世界之中的一个子集，而魔圈勾勒出游戏的边界”（164）。此处的边界，可以是空间意义上的界线，也可以通过时间来定义。游戏可以被限定在某个特定的空间界域内，如网球场、击剑场；或者被编织进日常世界中，如实景角色扮演游戏（LARPs）、寻宝游戏和其他形式的说服性游戏（pervasive gaming）。后者的空间边界就不如时间边界那么清晰。在物理游戏中，魔圈的空间边界和时间边界由社会共识来限定，对行动、言语和反馈予以诠释和校验；换句话说，也就是规则。

但对于数字游戏而言，这个传说中的魔圈又在哪里呢？尤尔（2005）将其追溯至游戏赖以呈现的硬件设备："魔圈的定义非常明确，因为视频游戏仅在屏幕上进行，并使用输入设备（鼠标、键盘、控制器），而不会发生在世界的其他部分；所以，'球'不可能超出这个出界。"（164-165）

他继而基于各自的空间特性来对比物理游戏与数字游戏中的魔圈。在物理游戏中，魔圈将现实空间与游戏空间分隔开来；而在数字游戏中，魔圈则将游戏的虚构世界与尤尔所称的"游戏空间"分隔开来。尤尔的这一观点基于如下假设："游戏空间是游戏所在世界的一部分，而虚构空间则存在于创建它的世界之外"（164）。在数字游戏中，作为规则适用范围标记的魔圈将失去价值。在物理游戏中，魔圈的界定是必须的，因为游戏规则通过社会化的方式来维系，游戏标记的区域内发生的行为与区域外有着不同的诠释。而在大多数数字游戏中，这种界定则完全失效，因为可供行动的屏幕呈现空间就是虚拟环境中的可游历空间。例如，《FIFA 2009》（*FIFA 2009*，电子艺界体育制作组，2008）中的体育场看台或《战地 1942》（*Battlefield 1942*，Digital Illusions，2002）中战斗区域外的空间都无法抵达，它们仅仅是一种象征性的背景。因此，当应用于数字游戏时，魔圈作为空间标记的作用显得多余。

心理分离

更加棘手的是，魔圈的概念也被应用于游玩体验的维度上。在游戏研究中，通常认为游戏过程涉及进入一种特定的体验模式，即伯纳德·舒兹（Bernard Suits，1978）所描述的“游戏态度”（lusory attitude）。游戏态度与魔圈的概念密切相关，因为它也同样基于一种假设，即玩家自愿进入一种与日常生活相分离的心态之中。舒兹这么描述这一仅在游戏中出现的体验模式：“游戏态度必须成为游戏的一个元素，有了这样的态度，才能解释这种怪象，即为什么玩家会接受某种规则而选择一个低劣而非更佳的手段来达到某个目标。”（52）

根据舒兹的观点，我们知道当玩家有意识地选择遵照规则所定义的人为限制来达到特定目标时，就是在参与游戏。例如，在高尔夫球项目中，最有效的方式是把球捡起来，走到目标洞口，然后直接把球放进去。使用金属球杆试图把球打进洞，则是实现上述目标的一种效率低下的方式。但舒兹定义中的这个基石在数字游戏中并不适用。许多机器模拟式的游戏家族成员——即数字游戏——都不允许玩家采取舒兹所描述的那种捷径。事实上，在数字版的高尔夫游戏中，玩家别无选择，只能遵循预先编码进游戏的那套规则，采用唯一可用、受规则限制的低效路径，舒兹将其视为某种工作行为。玩家不是在有意识地遵守规则，因为规则（或至少其中一部分）已编码进游戏，并由机器执行。舒兹对游戏的概念化仅适用于游戏家族的一些成员，并非足够有效解释，比如数字游戏之类的游戏。

舒兹的概念将游戏心态视为游戏的定义性要素，引发了一种问题很大的循环论证：游戏被从根本上称为需要游戏心态的活动，而游戏心态则是在玩游戏时产生的某种体验。如果我们按照舒兹的逻辑，玩家在一些数字游戏，特别是单人游戏中，并非自愿采用低效手段进行游戏，这意味着我们没有进入游戏心态，这样的活动就不能算是游戏。

正如托马斯·马拉比（2007）所指出的，从逻辑上我们不能将游戏同时用于指称某种人类体验模式，又用来指称某种活动形式。换句话说，我们不能说当我们参与游戏时，正在进入一种特定的体验模式（例如游戏心态），而这种模式是由参与游戏的行为所决定的。正如T. L. 泰勒（2006）所主张的那样，各种形式的经验决定论过于简化了游戏参与的复杂性：

> 虽然“魔圈”概念是一种可以成为被用于解释游戏某些方面的强效工具，但这种说法可能掩盖（甚至神秘化）了不同领域之间更为繁复的关系，尤其是在大型多人在线游戏领域……有时候听起来好像要使游戏具备真实性、意义、自由度或趣味性，就必须与现实生活分隔开来。在这方面，大型多人在线游戏（或者就是游戏）研究需要从现有学术研究中汲取经验教训。把游戏或非游戏空间视为固化的这种观念，未免丧失了其灵活性。（152）

那些和玩家一起进行质性研究的研究者们，尤其反对将魔圈作为体验的某种限定方式。泰勒（2006）、马拉比（2007）、科皮尔（Copier，2007）以及帕格曼（Pargman）和雅各布森（Jakobsson，2006）的民族志工作表明，在对玩家的情境研究中并未发现这种区隔：

> 使用“魔圈”概念作为分析工具导致的问题时有发生。如果研究者手头有实际的实证材料，他们通过使用游戏的独立范式来理解这些材料但收效甚微时，这些问题会变得尤为显著。（Pargman and Jakobsson，2006，18）

我自己的研究结果也印证了这一观点。在分析研究数据时，我没有发现任何迹象表明玩家进入了某种游戏专属的体验模式。玩家涉入模型的多种维度会为游戏体验提供更全面、更具分析性的描述，而不会代入关于游戏本质的那些先验性、规定性的假设。

趣味性？

赫伊津哈对游戏作为一种理想界域的限定，引发了另一个为游戏研究者所继承但经不起推敲的概念：

把“游戏性”（gameplay）与“趣味性”（fun）等价而视。他认为，趣味性定义了游戏的本质（essence）：“现在，这个最后才被提及的元素，游戏的趣味性（fun），将会挑战一切分析和逻辑诠释。作为一个概念，它不能被拆解为任何心理学上的分类……然而正是趣味性这个元素表征了游戏的本质。”（Huizinga，1955，3）似乎可以得出一个显见的推断：人们玩游戏是因为他们乐在其中（Crawford，2003；Koster，2005；Salen and Zimmerman，2003）。毕竟，如果游戏不好玩，人们为什么还要玩呢？然而，这个推理链条存在两个问题。

首先，正如马拉比（2007）所主张的，将游戏与趣味性联系起来将赋予游戏一种规范性的形态，而忽略了游戏何以引人入胜的复杂多变的体验状态。这并不意味着游戏没有趣味性；而是像一直以来被普遍接受的那样，趣味性并非游戏的固有特征。正如迪贝尔（Dibbell，2006）、泰勒（2006）和马拉比（2007）最近的研究所表明的，网络游戏的新近发展尤其凸显出这种假设的问题所在。趣味性表征的不是某种特定的体验现象，而涉及一系列情感状态，它们依照语境和个体而异。正如泰勒（2006）所述，将玩游戏的动机归结为趣味性，有可能忽略游戏体验中的其他重要方面：

> 人们玩的方式千差万别，玩的主观体验也因人而异，这个概念将导出某种观点，不存在某种唯一确定的方式来定义人们该如何享受游戏，或到底何为“趣味性”。我们需要更加广泛的游戏定义群，来包容参与者们愉悦性劳动和活动的多样性。这些定义必须普适于休闲玩家和硬核玩家。简单地认为游戏总是关于“趣味性”（然后不断尝试设计出乐趣），很可能会忽略游戏中更具分析价值的心理、社会和结构要素。（70）

泰勒强调应将劳动纳入游戏活动，打破了游戏与工作之间的普遍对立。正如施泰因库勒（2005）、泰勒（2006）和余尼克（Yee Nick，2006a，2006b）所指出的，大型多人在线游戏玩家经常自愿投入很长时间，参与一些连他们自己都认为单调或费力的活动。

其次，趣味性这一概念的第二个问题在于，它作为一种经验类别过于含糊，以至于无法用于分析。趣味性（Fun）仅仅暗示了围绕某项活动的积极情绪集群；但并未描述这些情感是什么，它们来自何处。这一概念对设计师和理论家同样无益。更为有效的方式是专注于参与或涉入的概念，相较于趣味性，它们的规范意涵较少，可被进一步拆解，而趣味性则无法做到这一点。虽然“趣味性”（fun）是一个在普罗大众情境下完全够用的统称词，但它缺乏作为一个有效的分析性术语的潜质。

赫伊津哈（1955）声称趣味性无法进一步在分析层面上细分，不过是承认了其在语义上仅具有模糊的功能。

赫伊津哈的错误在于认为这种模糊的经验形式是游戏的本质，将趣味性概念的模糊性转移到游戏的定义上。本书的观点是，游戏体验可以做进一步分析，但只有在避免使用诸如“趣味性”或“魔圈”等先验概念来标签化这些体验时才成为可能。接下来的章节旨在做到这一点：详细描述游戏过程及其周围环境中所存在的各种涉入维度。

第四章　动觉涉入

宏观相位：能动性

与非遍历媒介不同，数字游戏的核心体验需要玩家的主动参与和投入。玩家不仅仅被动消费着预先确立的媒介作品，他们还是积极的参与者，在游戏过程中通过与底层代码进行交互而创造参与体验。玩家将以不同程度影响游戏环境，这正是玩家行使能动性（agency）的能力。在本节中，我们将在普遍或宏观层面讨论游戏中的能动性。稍后，我们将更具体地讨论玩家在即时互动过程中与化身和微缩模型的交互。

就其最基本的表现形式而言，虚拟环境中的自主性是指能够执行影响游戏世界及其居民的行动能力。理论研究者如珍妮特·默里（1998）和加雷斯·肖特（2006）将能动性视为游戏参与的首要因素。肖特指出，“玩家似乎希望从游戏中获得主观性的自主性体验：他们需要感到自己对事件施加了权力或控制力”

(134)。正如玩家涉入模型所示，我们应该谨慎地将某种形式的涉入与其他形式隔离开来。然而尽管如此，在考察游戏涉入时也很难低估自主性的重要性。

默里（1998）将自主性定义为“能够采取有意义的行动，并看到我们的决定和选择所产生结果的满足力”(126)。尽管认识到所发生的事情是有意识行为所致非常重要，但意图的收效并不总是像默里所说的那样令人满意。让我们以游戏相关的情境为例。

在《反恐精英：起源》的一场在线对局中，我封锁了一条通往某个战略要地的走廊。敌人突然探头并躲回掩体。我拔出手雷，投向他所在的房间。就在我投掷手雷时，我方剩下的两名队友从我不可见的后门冲进了那个房间。随后我跑进去，只见两名队友和敌人横尸其中。对面的剩余势力足以碾压我，我方在这一回合中落败。我的行动结果既不令人满意，也非意料之中，正是我施展的自主性行为“消灭了”队友，进而造成了我方的溃败。

迈克尔·马提亚斯（Michael Mateas）和安德鲁·斯特恩（Andrew Stern，2005）同样将能动性看作一种混合物，包括行动以及对行动所造成的结果进行的诠释。他们还认为，能动性的前提之一是它对世界造成了可感知的影响："当玩家形成了关于体验的意图，采取行动来实现这些意图，并对行动和意图的响应加以阐释时，她就具备了能动性；即当她对虚拟世界产生实际、可感知的影响时。"（para 11）

马提亚斯和斯特恩还区分了局部自主性和全局自主性。局部自主性指玩家能够目睹其互动行为的即时反馈，而全局自主性则指玩家能够预见因果链所导致的长期后果。在我前面提到的《反恐精英：起源》的例子中，如果我把手雷扔进一个房间然后跑向其他方向，我仍然在施加能动性，并不一定要目睹或诠释我的行动后果。这一行为在《反恐精英：起源》中常被用于某种拖延战术，拖慢追击者，同时自己转移到另一个区域，或试图偷袭在或可能在房间里的对手。我扔手雷并使用类似战术的能力，即在表达我的能动性。我对结果是否有所认识，与能动性本身无关，而与施展能动性行为相关的因果链条有关。同样地，我可以在一个大型多人在线游戏中发挥能动性，即使其影响可能无法为我亲眼所见。例如在《星际Online》中，我可以在一个基地建筑周围埋设一些地雷，它们最终可能会在防御中起到决定性作用，而我自己并不会亲临前线。我埋设地雷的能力已经表达了我在游戏世界中的能动性，而不是地雷在游戏中最终的作用。在本书中，我将选用一种更加全面的能动性概念，它不依赖于对于结果的认知和诠释，以及相关的满足感。在讨论能动性时，安东尼·吉登斯（Anthony Giddens，1984）强调说：

> 能动性不是指人们做事情时的意图，而是指他们首先有能力去做这些事情（这就是为什么能动性意味着权力：参见《牛津英语词典》对代理人的定义，“施加权力或产生效果的人”）。在能动性所涉及的事件中，个体是行为的实施者，也就是说，在给定的行为序列中的任何阶段，该个体都可以采取不同的行动。如果该个体没有干预，任何事情都不会发生。（9）

尽管吉登斯将能动性视为目的性的，但他也强调后果可能是未知和超乎预期的。如果将预期后果也作为能动性概念中的一部分，会弱化偶发性在日常生活和游戏环境中的角色。正如托马斯·马拉比（2007）所指出的，游戏中的偶然性设定，是它对那些特别重视变化和偶然性的玩家的一大吸引力要素：

“这是一个体量非常大的游戏。有如此多的变量和多变的玩法，我设想自己会入坑很久。”[①]（Evita，《星际Online》）

虽然游戏和日常生活中都包含偶然性因素，但两者的区别在于它们运作的规则本质不同。我们在日常社会生活中遭遇的规则是“旨在减少个案中的不可预测性”（8）。与之相对，游戏规则则发挥不同的作用：“它们设计和校准多种偶然性，以产生一种可预测和不可预测结果的组合（随后将进行解释）。”（9）马拉比将游戏定义为这样一种过程，它创造精心设计、不可预测的情景，人们可以为这些情景赋予有意义、跨文化和开放性的阐释。因此，游戏实践及其所生成的意义都可能会有所变易。玩家很清楚这些可能性在游戏过程中的重要性：“这就是为什么我会认为现在的游戏要好得多。它们给了你更大的自由度，而自由度非常重要。你可以在游戏中尝试不同的事情，而且它们会以某种合乎逻辑的方式运行。游戏激发了创造力，你能真正感受到涉入其中并且在实现一些事情。”（Evita，《星际Online》）

① Evita是我的一位研究对象。我在直接引述对研究对象的采访时，将使用如下格式进行标注：（游戏昵称，游戏名称）。

如果没有偶然性因素，游戏就不再有趣了，就像我们把井字棋“吃透”时的情况一样，如果它们也可以被称为游戏的话。一旦所有可能的排列组合都被知晓，行动的价值就会降低。由此看出，能动性作用于更基础的层级。把偶然性变为已知或已经实现的效果，由此产生满足感，正是能动性实施的结果。在大型多人在线游戏之中，这种满足感甚至会更强烈。此类游戏最吸引人的一个方面，就是玩家的行动可能会产生其他玩家也能有所感知的持续性影响，通常超出了最初的意图。个体的行动可能带来意料之外、不可预测的后果，这恰恰就是为什么在游戏中发挥能动性，会如此意义非凡、引人入胜的关键所在。

能动性和偶然性之间的关系还有另一个方面，就是失败的可能性：

> 这里讨论的议题是参与者执行动作，可能成功也可能失败。这种不可预测性在体育比赛中扮演着重要角色，也是许多动作类电脑游戏的核心。游戏要求你执行并最终完成那些可能会获取成功的动作。有时，这种执行是具象化、即时发生的，比如第一人称射击游戏；而有时，可能仅仅是为

> 在游玩过程中规避错误，例如在《大富翁》中正确计算合适的位置。从某种意义上说，我们在游戏中的所有行动，如同生活中一样，都是施为性的；它们都存在失败的风险。（Malaby，2007，16）

《反恐精英：起源》等多人第一人称射击游戏的吸引力，本质在于磨炼玩家的游戏技巧：反应速度、手眼协调等。对玩家能力的测度不取决于难度等级，而是以其他玩家的能力为基准。多人游戏，特别是竞技游戏，通过在游戏体验中引入其他玩家的行动和技巧，增加了游戏中的社会不确定性。这种共享涉入的元素将在第六章详细讨论。

不同的游戏会对玩家的技能提出不同的要求，有时甚至会根据角色的属性而调整。在《反恐精英：起源》中，角色不会以任何方式影响玩家的能力；而在《上古卷轴Ⅳ：湮灭》中，玩家在战斗中能否成功，在很大程度上取决于角色及装备的数值属性。例如，剑术技能高的角色每次攻击造成的伤害比技能低的角色要大。在《上古卷轴Ⅳ：湮灭》中，投入时间有可能同时提升玩家的技巧和角色的数值属性。改进的属性或新获得的技能提升了玩家的能力，从而产生更加强烈的能动感。从这种增强的能动性中收获的满足感不仅限于游戏世界，也必然延伸为玩家更为广泛的个人成就感。

在《魔兽世界》中，作为一名玩家，我的个人技巧发挥的作用实在有限。与比我高 20 级的玩家或生物对战，我的角色必死无疑，无论我本人作为玩家有多么技术高超。我所能唯一奢望的就是从这次遭遇战中侥幸逃脱。同样地，两名等级相同的玩家进行决斗时，装有更强大的武器和防具的玩家将比使用标准装备的玩家具有优势，以至于玩家自身技能的相对差异将变得微不足道。而与之相对，《星际Online》则更加注重玩家的灵敏度，一个由技术娴熟的玩家控制的 1 级角色完全有可能击败一个 25 级的角色（《星际Online》中的满级）。

如果一个游戏奖励给玩家可量化的成就，玩家的动机和实践往往会直接聚焦于累加这些数字，从而提升自己在游戏世界中相对于其他玩家（无论是人类还是非人）的地位："我就看着数字不断增加……更高级别、更多金币、更高的DPS[①]。我只想要更多的东

① DPS 即Damage Per Second 的简称，意为每秒造成的伤害值。——译者注

西……（还有）更大的数字。”（Oriel，《魔兽世界》）另外，如果游戏更倾向于奖励个人技能而非投入的时间长度，那么玩家提升自身技能的动机将更强[①]。正如我们将在第七章详细讨论的那样，当游戏世界由多名人类玩家共享时，这两种自主性形式都会得到强化。

微观相位：游戏内的操控

讨论完数字游戏语境下能动性的一般概念后，我们现在可以把注意力转向在游戏过程实例中这种能动性的施加，重点关注移动和控制。在这一点上，我们需要区分游戏过程中对两类实体的控制：微缩模型和化身。

在许多游戏环境中，玩家的在场都可以固化为一个单一的实体，即化身（avatar）。有些游戏在游戏不同阶段拥有不同的玩家可控角色，但在每一时刻这种控制往往只与单一实体相关联。与化身的交互可以通过第三人称视角进行，这会赋予玩家一定的疏离感；也可以以第一人称视角进行，玩家会通过化身的视角

① 我将在第九章中详细讨论目标达成所获得的奖励。

来观察游戏世界。

在有的游戏中，玩家则会操控多个实体或微缩模型，有时同时进行，有时则分别进行。术语“微缩模型”（miniatures）指的是玩家可以完全或部分操控的实体，但它们本身并不代表玩家。例如，《中世纪 2：全面战争》（*Medieval II: Total War*，Creative Assembly，2006）中的骑兵单位，《帝国时代》（Age of Empires，全效工作室，1997）中的工人，还有《俄罗斯方块》中下落的方块。我使用“微缩模型”一词来描述此类游戏中所提供的这种控制形式。呈现在玩家面前的是一个微缩世界，玩家则是一个置身其外、全知全能的控制者。与之相对，化身控制类游戏通过化身将玩家锚定于世界之中，吸引他们栖身于此，这些化身是游戏环境内主要甚至是唯一的能动性中介。微缩模型的控制形式则并不把玩家锚定于某个特定实体上，而是包括整个环境，如《俄罗斯方块》，或者采取滚动的视角，如即时战略（RTS，real-time strategy）类游戏，像《战锤 40K：战争黎明》（*Warhammer 40,000: Dawn of War*，遗迹娱乐工作室①，2004）。

① 即曾隶属于世嘉公司的Relic Entertainment 工作社，因为其Logo 上有一个水雷，玩家也戏称其为“水雷社”。——译者注

游戏环境中的控制方式

微缩模型有可能以独立或批量的方式被操控。例如，在《俄罗斯方块》中，玩家每次只操控一个坠落的方块。因此，玩家会将注意力集中在通过旋转和加速下落（动觉涉入）使之处于最有利的位置上，同时留意即将下落的方块（游玩涉入），以一次清除一层方块的形式来主导游戏空间（空间涉入）。而在《帝国：全面战争》中，玩家控制最多包含 20 个单元的整支军队，每个单元都由多个微缩模型组成。游戏的关键部分在于同时操控军队以保持阵型，在执行战略任务的同时，使玩家占据战略优势。玩家可以对一整支军队发号施令，也可以对玩家自定义小队或者单个单位发出命令。

控制一个单一化身可以在玩家和游戏内实体之间建立更直接的连接。按下按键或挥动 Wii 控制手柄会使化身立即响应。玩家的行动与化身的响应是如此同步，以至于玩家可以把注意力完全集中在对单个实体的控制上，而无须去记住自己所控制的多个微缩模型所处的位置。正如我研究中的一位参与者所言：“（我更喜欢）第一人称。在第一人称视角下，通常你会对角色更具操控力，可以在细节上完全驾驭动作，类似瞄准、躲闪。”（Kestra，《星际Online》）

化身可能以从人物到拉力赛车的任何形象呈现。即使对于某些看似比较离谱的化身，玩家也可以通过动作与之保持最密切的互动。即使玩家的动作以一个垂直的白色像素条来呈现，一如经典游戏《乓》中的情况，它也事实上代表了玩家在游戏环境中发挥能动性的场所，而与玩家保持着高度的相关性。经由玩家和化身之间的动作关系，玩家和游戏之间的连接得以构建。正如前文讨论的，在游戏环境中施加能动性的这种能力，构成数字游戏的必要组成元素。

有些游戏要求玩家在控制多个微缩角色和一个单一角色之间切换自如，例如，在《FIFA 2009》中，你控制整支球队，但每次只能操控一名球员。因此，在你控制当前球员的同时，也需要将注意力分散以监控场上其他球员的位置，以便进行传球。通过对阵型和其他配置进行决策，其他球员也尽在掌控之中。《FIFA 2009》还有一个名为“召唤球员跑位”（player run）的功能，按下按钮后，处于非激活状态的球员会寻找对方防守中的空当，以接受由当前你所控制的激活球员所传出的直传球。在你不控球时，也可以同时控制多名球员。例如，如果按住抢球键，激活状态下的球员将冲向对方的持球球员，如果再按其他按钮，另一名球员也会加入协防。

这意味着你可以控制激活球员来掩护或拦截传球，同时指挥第二名球员执行实际的铲断。因此，尽管乍看之下，这个游戏中提供的基本控制形式与传统的角色扮演游戏相似，但你的注意力经常会转向其他球员的移动和定位。

游戏操控模式

目前数字游戏中存在的输入形式有表征性的，也有模拟性的。在这里，回顾当前数字游戏中的控制形式，绘制一条标尺，可能会是有益的。在其中的一端，是键盘按键、控制器按钮和摇杆的象征性控制（symbolic control）。在这种情况下，玩家执行的操作与角色执行的相应动作之间没有直接的摹写性关系。在操控谱系的另外一端，有可以被称为共生控制（symbiotic control）的形式。在这种形式下，玩家的动作被直接映射到化身身上，并与游戏环境中化身的动作有着密切的关系，可能会有一些变形或夸张，并且必然会有设计上的缺陷。对于这种方式，目前市场上最好的例子是Kinect（最初称为Project Natal）[①]。这种游戏化身和玩家动作更直接的共生模式，正是Wii主机成功的关键，也是Xbox 360所引入的这种新控制范式——Kinect的主要卖点。Kinect使用连接到电视的摄像头将玩家的动作直接映射到角色上；它还可以识别玩家的面部特征、声音和与电视屏幕的距离。例如，在进行搏击游戏时，玩家可以利用全身进行拳击、踢腿和闪避。实际上，Kinect的目标是完全颠覆控制器。把玩家的肢体动作映射到角色上，创建了一种与按下鼠标按钮或键盘按键截然不同的控制形式。

共生控制的一个较为弱化的版本是模拟控制（mimetic control），即将玩家的动作部分映射到角色身上。模拟控制的例子包括Wii平台的游戏，如《Wii运动》（*Wii Sports*，任天堂情报开发本部，2006）和《大

① “Project Natal”（Natal意为“初生”）是微软于2009年6月2日在E3大展上所演示的新一代体感系统，官方宣称它能让游戏玩家无须任何游戏控制器即实现游戏控制。在随后的2010年6月14日，微软放弃了初生计划的名称，将Xbox360的体感周边外设正式定名为“Kinect”。——译者注

满贯网球》（*Grand Slam Tennis*，艺电加拿大工作室，2009），玩家在这些游戏中通过挥击Wii遥控器来模拟真实的网球击打动作。当玩家这么做时，他们在屏幕上的化身也会随之挥动网球拍。这种玩家与角色动作的耦合，是这款游戏主机的核心吸引力。在这个意义上，Wii将动觉维度进行了扩展，为屏幕上的表现和玩家的身体活动注入了新的意义。而模拟控制形式则是控制器本身复制了某种机器、工具或车辆的部分功能。示例包括赛车游戏中的方向盘和射击游戏中的光枪，常见于《死亡之屋》（*The House of the Dead*，Wow Entertainment，1996）这类街机游戏。

我们可能会讨论在FPS游戏中，玩家的手指在W、A、S和D键上时机完美的操控彰显出高度的灵活性，但是指向这种控制方式的注意力并非对游戏本身的某种涉入。玩家往往只会在还不确定哪个键对应哪个动作，需要查阅说明书或系统帮助，通过反复试错来学习游戏操作时，才会下意识地去关注操作本身。鼠标、键盘或手柄，与Wii遥控器和Kinect操作界面之间的区别在于，前三者与屏幕上的动作不存在模拟关系，而后两者则涉及将玩家的动作复写到屏幕上。专注于摆动Wii遥控器本身就经常被视为一种愉悦的体验。Wii遥控器、跳舞毯、吉他控制器之所以吸引玩家，也因为可以让他们化身为客厅中的表演者，与非玩家同乐。这并不一定意味着玩家的参与程度更高或更低了，而是游戏发生的社交环境为他们的行为注入了额外的维度。

随着游戏技术的发展，我们可以看到从象征性控制向共生控制的转变。重要的是，当控制形式越靠近谱系中共生控制这一端，对休闲游戏玩家和非玩家的吸引力就越大。在为像Wii这样的平台开发的游戏形式，以及任天堂营销活动明显针对的目标人群中，这一点都是显而易见的。随着Wii的发布，任天堂吸引了全年龄段、不同性别的玩家，尤其是更年长的群体，这曾是游戏行业未涉足的蓝海。Kinect早期的营销视频也强调它是一个全家同乐的平台，进一步推动了微软用一款主机占领客厅的营销计划，它不仅仅是游戏机，还是媒体和社交中控。

游戏通常会结合多种控制模式，尤其是模仿性和象征性这两种。例如，《Wii运动》中的拳击游戏采用了完全意义上的模仿控制，而棒球游戏则结合了模仿和象征控制，球员通过模拟投掷动作来投球，通过按按钮来改变投球类型。还有其他的Wii游戏，如《英雄不再》(*No More Heroes*，草蜢工作室，2008)，利用 Wii "鸡腿手柄"[①] 上的拇指摇杆来控制化身在环境中游走，同时通过按下按钮和挥舞遥控器的组合来执行动作。当游戏环境中发生的行为无法完全通过模拟方式进行映射时，这种混合控制的形式就尤其必要。游戏环境中的空间移动就是一种难以通过模仿再现的控制实例。

动觉快感

在《太空侵略者》(*Space Invaders*，太东，1978)中，代表玩家的激光炮能够左右移动，可以垂直射击，但除此之外没有其他运动能力。《吃豆人》(*Pac-man*，南梦宫，1980)可以在一个二维平面上四向移动。相比之下，《马克思·佩恩》(*Max Payne*，Rockstar Toronto，2001)中的同名主角则可以行走、蹲伏、疾跑和跳跃，同时瞄准并射击袭击者。此外，马克思还可以进入"子弹时间"，在这种状态下动作会放慢，

① Wii 在硬件上进行了一系列创新，例如，Wii 的手柄由两部分组成，即通常使用右手控制的远距离感应器（remoter）和使用左手控制的 nunchuk 控制器，二者之间以连接线相连。后者因为形似鸡腿，也被玩家称为"鸡腿手柄"。——译者注

给玩家更多时间执行那些类似于《黑客帝国》中慢动作特技的复杂动作。超高速运动的奇想，在像《马克思·佩恩》、《黑客帝国：进入矩阵》（*Enter the Matrix*，Shiny Entertainment，2003）和《极度恐慌》（*F. E. A. R.*，Monolith，2005）这类游戏中部分得以实现，让子弹时间这一概念广为流传的是其他媒介文本，而游戏则将其真正实现，邀请玩家们在屏幕上再现其他媒介文本所激发的内部想象。数字游戏赋予玩家做出那些震撼动作的能力，并让他们从这种表现和视觉盛宴中获得满足感："也不知道为什么，（我）喜欢从空中跌落，但这种感觉很酷。《黑客帝国Online》中我最喜欢的部分就是从一栋建筑到另一栋的超级大跳。你必须首先计算好落点，会有那种险中求生的刺激感……然后坠落，也可能不，就像在第一部《黑客帝国》（电影）中一样。"（Baal，《星际Online》）

在第一人称视角游戏中，玩家在屏幕上看不到化身，他们手部和手指的动作会被解读为在虚拟世界中的感知运动，而不仅仅是表面上对于对象或角色的操控。在第一人称射击游戏中，玩家按下空格键和W键往前移动，通常他们会将之诠释为自己向前跳跃，而不是他们控制的角色在动。

在第三人称视角游戏中，玩家会经历双重意识。首先，他们会对影像所呈现的周围环境有意识。其次，他们也会意识到与角色相关的空间。在允许切换视角的游戏中，玩家必须明白，她能看到四周的角落，并不意味着角色也能共享这一视角。因此，当切换回第一人称视角时，玩家还需要移动，环顾四周再进行射击等操作。正如一位参与者的说法："这取决于何种游戏和你想做什么。比如在《星际Online》中，第三人称视角帮助你全面观察周围的环境，但几乎无法进行瞄准操作；而第一人称视角提供了士兵的视角，让你能瞄准并感到身临其境……真正控制那个角色。"（BunkerBoy86，《星际Online》）

因此动作是游戏过程中的一个重要部分：它是一个关键因素，使玩家能够与环境互动，并且是游戏体验中至关重要的组成部分——能动感产生的必要条件。实际上，它不仅是游玩行为中游戏化层面的核心，也是快感体验的一部分，特别是当玩家操作技术渐入佳境而能与环境流畅互动时。这种快感的一部分来自能够模拟物理世界中不可能获得的体验，正如研究的参与者们绘声绘色的描述：

> 没有什么比在建筑物之间进行极限跳跃更让我沉迷。现在这个技能被削弱了[①]，真令人不爽，但很酷的是能做大跳，你会看到建筑物和人逐渐变小；当你着陆时它们又会重新变大，特别是在下落中发射链射机枪就更爽了。（Baal，《星际Online》）

参与者经常将运动感描述为仿佛亲历一般。他们也提到，需要额外的想象来产生或增强这些感觉。一位参与者Sunniva，使用了“心流”（flow）这个术语来描述游戏世界内的运动感如何牢牢吸引她的注意力，而产生“持续专注”之感，她将其类比为冲浪：“（它）就像波浪——一种持续的波动态，让我专注于游戏……它几乎有点平静——嗯，我是说它创造了一种稳定而持续的注意力，在这个意义上……也许有点像冲浪——呵呵——虽然我从来没尝试过。”（Sunniva，《星际Online》）

还有一位参与者Bladerunner，使用术语Quan来描述动觉涉入的内化。正如我们在上一章中讨论的那

① 游戏设计师会改变特定对象的特性使其变得不那么强大，如角色职业、法术、武器、载具或技能等，通常是因为它被认为过于强大，会打破游戏的平衡，这种现象被称为“削弱”（nerfed）。

样，内化后的涉入即玩家不再有意识地关注所讨论的维度。它描述了这样一种情况，操控技巧已经被充分习得，以至于屏幕上角色和缩微模型的移动仿佛人机合一（unmediated）："只有当你感觉到，屏幕上的动作并不是因为你在键盘上按了按键，或移动了鼠标，而是（因为）你的意之所向，这就是Quan的状态。"（Bladerunner，《星际Online》）

参与者们还描述了当他们感受不到动作中介时，会产生怎样强烈的参与感，并且将其视为游戏乐趣的主要来源之一："感觉就像你真的握着那把枪。让我整个人都嗨起来了。"（Baal，《星际Online》）苏·莫里斯（Sue Morris，2002）强调说，这种对控制的内化是第一人称射击游戏中渐臻佳境的必经之路：

> 高端玩家在控制键盘和鼠标时的手部动作也会在一定程度上变得无意识。一些操作需要完成一系列复杂的键盘和鼠标操作。原本需要经过分析、设计、记忆和练习，但一旦突破了这个阶段，它们就会被内化，以至于每个单一动作不再被有意识地独立执行，而全部吸收融入为玩家的游戏风格……要对一款游戏炉火纯青，仅靠下意识的操

作远远不够，玩家必须能够“用手指思考”，达到这样一种境界：要么玩家觉得自己是游戏的一部分，要么游戏是玩家的一部分。(85)

玩家对于化身这种流畅而娴熟的操控会激发动觉感受，使游戏体验本身充满快感。在游戏环境中奔跑、跳跃和飞行之所以如此吸引人，一个原因就是，一旦玩家掌握了操控技巧，就可以从身体和心理上看作他们自己（their own）在奔跑、跳跃和飞行，而不是外部代理的动作：“我现在正在驾驶一架飞机，下面有个家伙在朝我发射火箭筒……这时候我不会说我的角色遭到了攻击，或者被击中了，我总是会说我自己。”（Evita，《星际Online》）

在这方面，并非所有的游戏都可被等量齐观，因为这些感觉与游戏环境所提供的空间导航和移动的形式有关。例如，《镜之边缘》（*Mirror's Edge*，DICE，2008）本质上是一个连续穿越障碍的跑酷游戏。游戏会对玩家完美的动作发动时机进行奖励，给予跳远、鱼跃飞身等更高、更快、更大动量的技能。与城市跑酷运动相似，这也是游戏的灵感来源，《镜之边缘》将周围空间中的障碍转化为高速、丝滑动作的可供性。

在她针对局域网（LAN）玩家所进行的研究中，梅拉妮·斯沃韦尔（Melanie Swalwell，2008）同样发现，参与者非常享受运动知觉，特别是当他们掌握了操作技能之后。然而，斯沃韦尔的论点有一个问题，即她在考虑动觉涉入时未区分旁观者和玩家。她引用了范·鲁安-麦克利（Van Rooyen-McLeay，1985）的观点，后者在她的硕士论文中观察到了街机游戏过程中的身体激感（physical excitation）现象：

> 这位玩家的行为清楚地呈现出我此前多次目睹的场景。他双手疯狂地敲击机器上的按钮，双腿在身下失控地“舞动”，试图克制游戏带来的兴奋感……偶尔，旁观者会发出啸叫，他或她的双腿也因兴奋而抽动。（Van Rooyen-McLeay，引自Swalwell，2008，74）

斯沃韦尔强调游戏对玩家和旁观者所产生的刺激。然而，范·鲁安-麦克利观察到的街机游戏在玩家与旁观者身上所引发的激感行为，并不意味着二者的参与本质上是相同的。一方面，游戏屏幕上正在发生的情境和玩家显见的激动，都会令旁观者感到兴奋。而另一方面，玩家同样会在某种程度上意识到自己在被围观，反过来也会影响他们的兴奋程度。然而，值得注意的是，旁观者并不参与游戏和玩家之间的通路，也不会在游戏环境中拥有自主感。操作成功，他们不会额手相庆；操作失败，他们也不会为此沮丧。斯沃韦尔并没有在她的论文中纳入这些差异；事实上，有时她还暗示，媒介表征层的纯感知体验，与游戏中表征层和遍历性的结合没什么不同。

对于操控以及游戏环境中动作可供性的关注，意味着对动觉涉入这类体验的理解，需要同时考虑视觉、听觉和触觉输出，以及玩家的行动倾向。行动倾向之所以重要，不仅在于它是输入的实例，正如第三章中所解释的那样，更为重要的是，游戏涉入不仅限于拇指拨动摇杆或点击按键，还涉及在适当时机执行行动的主动意图。在第三章中，我们看过《红色管弦乐》中的例子，狙击手守卫一条空无一人的街道。在静候的分秒之内，狙击手可能不会特别活跃，但等待目标让她充满紧张，准备着移动准星、瞄准目标、屏住呼吸，并在合适的时机按下扳机按钮。对行动的期待也会与行动本身一样引人入胜。旁观者不会有这种期待和主动性。他们可能会通过向玩家提供建议来试着参与，但他们的动觉感知体验局限于模拟，而游戏玩家则将模拟与遍历的体验相融合，以达到一种更加剧烈、本质完全不同的动觉涉入，这是围观别人打游戏或看电影所无法获得的。

动觉涉入涉及虚拟环境中对于角色和微缩模型的所有操控形式，从学习的过程到内化以至娴熟。当操控本身还能引起玩家的注意时，这种涉入都需要更多下意识的努力，无论是因为尚未熟谙，还是因为在某些更具挑战性的情况下要求的动作序列更为复杂。不同技能水平和游戏偏好的玩家会因动作类型的差异而具有不同的涉入度。有人喜欢在赛道上极速飞驰；有人可能沉浸于在一架“一战”时的双翼飞机上做出多个连续滚转；有人沉迷于多人射击游戏中与其他玩家的协同行动；有人则可能在悄无声息地潜入敌占区时最能感到沉浸感；还有一些人享受在《魔兽世界》里悠闲地骑着坐骑，游历精心设计的景观。最需要考虑的因素是，在所有情况下，行动都是游戏体验的关键部分。游戏所允许的行动自由度以及与之相关的学习曲线，将对玩家在游戏环境中的涉入度产生重大影响，因为游戏涉入的大多数方面得以发生的前提都是在游戏环境中达到一种基本的操作熟练度。

第五章 空间涉入

宏观相位：探索

自从我们这个物种诞生以来，探索新大陆的欲望就是人类本性中的固有成分（Lewis-Williams，1998，2002；Evans，2001）。我们最渴望的是那些迥异于日常环境的地方，特别是在媒介的推广和宣传之下。一个城市化程度高但绿地稀少的国家，那儿的居民可能会渴望新西兰的自然风光，尤其是在彼得·杰克逊（Peter Jackson）执导的《指环王》（2001）电影版中，新西兰被与托尔金笔下中土世界的大众印象相关联。而新西兰人则可能会把欧洲的老建筑和鹅卵石街道浪漫化，渴望那些存在了几个世纪的建筑所创造出的氛围感，这在新西兰这样年轻的国家中非常罕见。尽管有探索异域的向往，许多人却畏惧离开舒适圈，而不愿真正去探访陌生的土地。除此之外，还有工作、家庭责任、经济成本以及生活方式限制的诸多约束，常常会阻滞这种旅行。

视觉媒介是抚慰这种探索欲的一种方式。数字游戏和虚拟世界尤其擅长实现空间探索，玩家不仅能将想象力投射到所呈现的景观中，还可以穿行其间。正如地理学家段义孚（Yi-Fu Tuan，1998）所言，在城市化时代，乡村和田园风光有一种别样的吸引力。这种对自然景观的浪漫化视角，或许可以解释如托尔金笔下中土世界的魅力，进而解释缘何幻想类游戏会在大型多人在线游戏中占据主导地位。随着视听技术的显著进步，现在可以创建出巨型虚拟世界，以满足人们涉足陌生情境和环境的欲望。在我的研究访谈中，一位参与者曾如此说道："我喜欢徒步是因为能观光：探索新的地区和环境……有一说一，我真的喜欢探索新的地方，不一样的风景。我在一些游戏中真实地体验过'游客'时刻。发现一个景致如画的地方，我会想要拍照。"（Rheric，《魔兽世界》）

当代数字游戏为玩家提供了广阔的地理空间，可供栖居、互动和探索。某些游戏世界邀请玩家进入如画般的风景，似乎延伸至目之所及之处。这为玩家提供了探索和发现的尺度，尤其是当他们受限于生活方式而无法前往异国他乡旅行时，游戏显得更加诱人：

在如此广阔的（虚拟）世界中奔跑，每一天都满是新发现。世界之广阔，吸引了那些终日被困在日益收缩、拥挤和污染的现实世界中的玩家。在许多游戏中，比如说，玩家们经常会在雪顶山峰上偶尔驻足，俯瞰绵延数英里的森林，一直延伸至棕榈树环绕的热带海滩、焦土一般的沙漠和辽阔的草原。（Kelly，2004，63）

理查德·凯利（Richard Kelly）的探索观与那些被《魔兽世界》这样的大型多人在线游戏吸引的参与者们相暗合。许多人在到达景色壮丽的地区时也感到了一种敬畏之情，其中一个参与者Rheric，将这称为“旅者时刻”。另一位参与者也将虚拟景观的壮美与旅行相联系：“我喜欢《魔兽世界》，因为它绝美。你爬上一个山丘，不经意之间，就会被风景惊艳到，就像身处异域度假胜地一样。”（Baal，《魔兽世界》）

令人着迷的不仅是景观之美，还有在探索发现中的惊喜乍现。人们需要认识到，遍历性的虚拟景观和非遍历性表现之间有重要差异。尽管人们可以想象自己在文学作品所描述的空间中漫游，但这种空间穿行仅限于心理层面的假想。而在游戏世界中从一个点移动到另一个点，玩家必须从字面意义上去寻路，而不仅仅是基于想象。

在角色扮演游戏中，玩家在游戏世界中会有一种具象化的在场感，包含前、后、左、右的方位。就像在现实世界中一样，身体在空间中有一种方向性，面前是未来，身后是过去（Tuan，2007）。相比于现实世界，在虚拟环境中，这种在场感可以以更灵活的方式呈现，因为在有些场景下，玩家可以选择以第一人称视角观看世界，或者切换镜头至第三人称视角。然而，角色在其周遭的世界中仍然有一个方位，来传达玩家的自主性。在玩家规划穿越地理空间的路线并循此游历时，她会更容易产生游戏环境中的在场感。如果需要付出努力才能抵达特定目的地，玩家会有额外的满足感，尤其是当抵达此地颇具挑战性时：

> 我曾经玩过这样一个游戏，如果你想去一个很棒的地方，就必须步行跑上半小时。这在某种程度上让我感到挫败，但一旦到达目的地，又会非常开心，算是某种成就吧。我希望有更多可以探索的地方：只能步行穿越或需要攀岩装备的山脉。冒险。那些东西让现实生活中的旅行更吸引

人……地图上那些目前对公众不开放的岛屿和区域（这就是它的神秘之处），我曾经试图游泳过去，结果挂掉了。（Ananke，《魔兽世界》）

在游戏世界中迷失

当玩家不具备对周围空间的全知视角，而存在迷路的风险时，旅程会变得更加有获得感。只有那些结构上能产生一定的空间偶发性的虚拟环境，才会存在迷路的可能性。如果经过设计师精心构思，这种空间的偶发性就能产生一种感觉，仿佛虚拟空间延伸到了即视范围之外。正如利斯贝思·克拉斯特鲁普（Lisbeth Klastrup，2004）在她的博士论文中所描述的，这是虚拟“世界性”（worldness）的一个定义性元素。如果虚拟世界主要由路径组成，那路径周遭的环境应该非常广阔，以维持它作为一个可探索景观的印象。一旦玩家意识到自己没有迷失的可能性，可探索的范围将被急剧压缩，环境也会被简化为它的原型：一个多路径迷宫（有分支和死胡同的迷宫）。

正如埃斯本·阿尔萨斯（2005）所观察到的，类迷宫的空间结构在游戏中非常常见。如果把它拆解开来，迷宫包含一个线性进程，可使游戏设计师能够更轻松地控制游戏节奏，如玩家何时与游戏内嵌的事件、角色、物体、任务、信息和脚本剧情相遇[①]。迷宫只提供前、后的双向移动来限制玩家的朝向：已来和将来。它排除了身体周遭的360度方向性，正如段义孚（2007）所描述的那样。

> 迷失意味着什么？我顺着一条小道进入森林，离开小道，就会突然感到完全迷失方向。空间仍然分布在我身体周侧。以我的身体为中心，前、后、左、右的区域仍然存在，但它们并没有与外部参照点对齐，因此毫无用处。前与后的区域突然间充满随意性，因为我没有理由向前而不是向后。而如果让一束摇曳的光芒映照在远处一簇树丛后面。我仍然在感觉上处于迷失状态，因为仍然不知道自己在森林中所处的位置，但空间却戏剧性地重建了结构。摇曳的光芒设立了一个目标。当我朝着那个目标前进，前、后、左、右又重新具有了意义：我大步向前，欣喜地离开黑暗空间，

① 脚本剧情叙事将在第七章中进一步讨论。

确保自己不再左右偏离。(36)

若我们将这种方向感基于身体的视角应用到虚拟环境中，就可以理解模拟空间并非仅仅基于我们的化身在空间中的位置，同样还基于目标导向的移动，这种移动强化了化身的实感，赋予其有意义的前、后、左、右方位。一个目标可能会由任务来指示，由游戏内的角色，或者由玩家自己设定。迷路或无法抵达的概率增强了玩家的空间涉入感。除了使旅程更迷人，这种风险还增添了一丝刺激感，让人期待未来可能有类似的发现："那时我还是一名新手暗夜精灵猎人(Night Elf Hunter)，我第一次从米奈希尔港(Menethil Harbour)前往铁炉堡(Ironforge)，真是非常刺激。我差点被一只巨鳄吃掉，还得躲开一些兽人。其中的危险(令人兴奋)，还有第一次探索新地图的新鲜感。"(Inauro，《魔兽世界》)

参与者经常表达他们对于探索未知、探秘幽微、破解禁地的渴望。在数字游戏环境中，这种渴望不仅体现为对于景观地貌的探索，还体现为突破界限，甚至颠覆设计者对于游戏玩法的预设。游戏世界因此正如豪尔赫·路易斯·博尔赫斯(Jorge Luis Borges，

1972）所说的“迷宫由人创制，注定要为人破解”（42）。设计游戏世界的本质就是诱使玩家穿越并揭示它，不仅要探索和理解它们的表象，还要读懂设计者们的群体智慧。托马斯·马拉比（2007）认为，游戏最诱人的一面就是它们能够表征人类存在的偶然性。比较一下迷宫和一片未经探索的丛林。无论迷宫有多么令人费解，必然存在一个解法能够通行。预设的唯一正确路径和相应的死胡同共同营造出穿越过程的偶然性。而穿越未知丛林的偶然性则归属于不同类型。它并不存在预设的特定解法，因此不能本着这样的目的来破解。游戏世界的设计因此成为这样一种创制，它是“复杂、隐晦而充满偶然性的情境，人类参与体验的特征才得以发生”（Malaby，2007，15）。在虚拟世界中游历之所以如此引人入胜，不仅源于美学意义上的情感张力，还有探索技术和地形边界的实践。

微观相位：空间导航

在上述讨论中，我们讨论了空间探索的吸引力，以及在游戏环境中发现和迷失的乐趣。微观相位聚焦三种空间涉入形式：通过导航来熟悉游戏环境，对已经过导航的空间进行心理绘图，通过战术干预来控制微型空间。在讨论这三种空间涉入形式之前，最好先梳理一下游戏中经常出现的空间结构的大致分类。

在本章的其余部分中，将使用可导航空间（navigable space）的概念来指代游戏环境中的主要空间形式，玩家需要在其中移动和行动。马克·沃尔夫（Mark Wolf, 2009）将可导航空间定义为“在这样的空间中，寻路非常必要，化身可以在相互交联的空间单元中移动，形成迷宫状的网络。所有空间可能一次性呈现在屏幕上，就像某些迷宫游戏一样，但通常大部分空间存在于屏幕之外，屏幕外区域的可及性，甚至发现存在屏幕外的空间，都依赖于玩家的导航能力”（para 7）。

因此可导航的空间必然是虚拟空间，而不仅作为表征空间。本章我们主要关注的是可导航的虚拟空间。

空间结构：单行通道还是迷宫

“荣誉勋章”（*Medal of Honor*）系列第二次世界大战第一人称射击游戏的开场动画将玩家清楚地置于激

战场景中。《荣誉勋章：联合突击》（*Medal of Honor: Allied Assault*, 2015公司, 2002）的开场动画与电影《拯救大兵瑞恩》（斯皮尔伯格执导，1998）中的海滩登陆场景异曲同工。这个游戏的续作《荣誉勋章：太平洋之战》（*Medal of Honor: Pacific Assault*，艺电和TKO软件，2004）则设定在珍珠港，就在日军突袭前几分钟。行动快如疾风：炮弹四处炸裂，屏幕上满是弹片和沙子。受伤的士兵大声呼救，小队长的命令几乎被枪声和炸弹声淹没。在这一场景的简短序幕中，一名军官驾车载着玩家的化身在珍珠港周围行驶。吉普车的行驶路线是预先确定的，玩家唯一能做的就是环顾周遭的环境。虽然游戏的其他部分有着更大的行动自由度，但这些过场动画仍然是严格线性的。大多数场景远比它们看起来的要小。例如，在《荣誉勋章：联合突击》的第一关中，海滩看上去左右绵延几英里，但耸立的岩壁隔断了玩家对后部区域的探索。实际上，玩家在这个区域只有一条路可以走。碉堡的火力、扫射的飞机，整体混乱的场景给玩家带来一种压迫感，使场景中有限的可穿行空间更容易隐藏其中。而当玩家试着探索这个游戏环境的空间边界时，他们就会对呈现出的空间形成新的看法：这是内化的空间模型与屏幕上呈现空间的叠加。例如，在《荣誉勋章：联合突击》中，玩家试图从海滩西侧接近德军碉堡，会意识到无论如何努力求生，都会一次次被炮火击杀。尝试未果后，他们会倾向于尝试另一条路线。意识到看上去可以通过的西线实际上不可通行，玩家对环境的心理地图就会更新，纳入这堵看不见的墙。这种心理地图的概念由爱德华·托尔曼（Edward Tolman，1948）引入，可以被理解为“对可用于空间参照的经验和感知信息进行编码、存储和操作的过程”（Golledge and Garling，2004，502）。因此，心理地图是一种思维模型，将空间信息积累、组织成一个连贯的内部图像，从而促进学习和记忆。心理地图通过在环境中巡航，或利用瞭望点、地图和其他全局性的空间资源得到积累。正如利博丽乌森（Liboriussen，2009）所指出的，心理地图在虚拟世界的导航中也很重要：“心理地图是一种思维工具，可以帮助其构建者在虚拟世界中导航。同时，心理地图可以让人对虚拟世界如何被建构有一种整体性、连续性的感知。”（193）

与物理世界不同，只要我们找到导航方式就可以到达远处的处所，游戏世界经常呈现一些实际上无法到达的位置。以上述《荣誉勋章：联合突击》的例子来看，左翼阵地不断轰炸的炮火无法被阻挡或以任何方式越过，因此玩家在关于前方空间的心理地图中，必须考虑到这一点。当玩家意识到所呈现的世界中，除了当下的走廊区域都无法通行时，关于开放世界的幻象就会分崩离析。正如阿尔萨斯（2005）所言，游戏空间经常给人一种开放世界的印象，实际上却是“单行通道”（499）或迷宫。

迈克尔·尼奇（Michael Nitsche）（2008）在他的著作《电子游戏空间：3D 游戏世界中的图像、游玩和结构》（*Video Game Spaces: Image, Play, and Structure in 3D Game Worlds*）中概述了一些空间结构，区分了单线迷宫和他称为“轨道和铁道”（tracks and rails）的另类空间结构（172）。轨道和铁道在赛车游戏如《GT 赛车》（*Gran Turismo*，Polyphony Digital，1998）中尤为典型，但尼奇同样还纳入了一些像《荣誉勋章：联合突击》这样的射击游戏，它们引导玩家沿着唯一路径前进。根据尼奇的说法，这两者之间的区别在于，迷宫会将限制展示出来。这里概述的结构主要基于可通行的空间，而非可见空间。所以不必像尼奇那样区分轨道和单行迷宫，因为两者都沿着单一路径构造可导航空间。

克拉拉·费尔南德斯-瓦拉（Clara Fernandez-Vara，

2007）区分了游戏中的复杂迷宫和迷宫结构，指出复杂迷宫由一条蜿蜒其间的路径构成，因此“迷宫不会刁难它们的访客”（75）。当然，尽管对经典的复杂迷宫来说可能确实如此，游戏迷宫中却总是带有某种形式的障碍。可能是玩家需要先解决谜题，然后才能继续前进，或者是一群对手挡住了去路。《半条命 2》交替地融入了这两种形式的障碍，肾上腺素飙升的行动时刻之后，是较慢节奏的空间导航和基于物理引擎的谜题。

正如杰夫·金（Geoff King）和塔尼娅·克日温斯卡（Tanya Krzywinska，2006）所指出的，迷宫结构中的行动限制不应仅仅被视为贬义的，因为空间自由度的限制，使设计者能够对其他涉入方面进行更严密的控制。正如我们将在第七章中讨论的那样，在空间更加受限的环境中，游戏的预设叙事更容易传达给玩家。类似地，由于设计者可以确信玩家总会在特定位置触发特定事件，也更容易编排情绪的高潮。

空间结构：多线回廊还是迷宫

二维迷宫提供了多条通路可供穿行，但在游戏中，这些路径是由关卡设计者预先设计好的。迷宫的普遍特征就是它们的岔路和死胡同，这鼓励玩家关注他们所做的路径选择，为环境中的路径做心理地图（Fernandez Vara，2007）。然而，只有在迷宫以第一人称或第三人称视角呈现，并且延展至单个屏幕空间之外时，这种心理地图才是必要的，就像在《神鬼寓言》（*Fable*，狮头工作室，2004）中那样。在这里，玩家再次被赋予一个巨型开放世界的错觉，但对游戏世界的空间配置稍微仔细观察，会立刻识别出这是一个多线回廊或迷宫结构。陡峭的山丘和岩石无法被穿越，而形成一些通道来指引玩家。地图的外缘被沙漠环绕，但如果玩家深入其中，就会因中暑而倒下，有效地阻止他们探索这一广阔空间，将其限制在山丘内部的可通行环路上。

与《吃豆人》这类全知视角游戏相比，《神鬼寓言》在空间结构上的主要差别在于，它将玩家视角锚定在了环境内的某一位置，而《吃豆人》则开了一个无形天眼，允许玩家鸟瞰全局。具有全知视角的游戏，如果其空间超越屏幕，则需要通过滚屏来进行一定程度的空间探索，因此为玩家创造了认识环境空间布局的可能性，但在这类情况下产生的空间心理地图，形式上更接近于通过谷歌地图来认识某个区域的布局，而不是通过导航来了解空间。

空间结构：块茎区域

大多数游戏空间并非空间连续性的，所以玩家经常会在两个位置之间远程传送。在这种设定之下，远程传送是抵达这两点的唯一方式。例如，在《神鬼寓言Ⅱ》（*Fable II*，狮头工作室，2008）中，玩家只要探索过某片地图，就可以自动传送到该区域内的某些预定义点。在《质量效应》（*Mass Effect*，Bioware，2007）中，无法通过穿越连续空间到达其他地点。《质量效应》中的空间是独立区域，只能通过传送到达指定传送点。我们可以称这样的空间结构为块茎结构（rhizomatic），借用吉尔·德勒兹（Gilles Deleuze）和菲利克斯·加塔利（Félix Guattari）在《千高原》中对块茎概念的阐述。他们将之定义为由多个连接点组成的系统，没有等级或中心，形成一种没有起点、中心与终结的多重性。块茎系统可以在结构上连接任意两点，不需要任何权力中枢的准许。可以通过多个入口访问它，并且它由于其非线性结构而不会被打破，因为如果它“在某个点破裂……将会在旧线或者新线上重生”（9）。

即使游戏空间表现为连续性的，通常导航过程中也会因为新区域的加载而发生断点。有时，导航过程中的这些中断会被隐藏起来，通过将玩家引导至一些特定区域，在这里断点被赋予虚拟世界中的逻辑合理性。例如，在《死亡空间》（*Dead Space*，EA Redwood Shores，2008）中，搭乘升降机穿插于游玩过程中，连接关卡中的各个楼层。新区域的加载会隐藏在坐升降机的过程中，此时玩家仍然可以执行诸如检查物品清单、重新装填武器等操作。

空间结构：开放式景观

可以为玩家提供最大导航自由度的空间结构是“开放式景观”环境（Aarseth，2005，499）。《上古卷轴Ⅳ：湮灭》就是其中一例，这是一个提供了广阔景观供玩家探索的奇幻角色扮演游戏。《上古卷轴Ⅳ：湮灭》不强制玩家在有限的环境中线性移动。大型多人在线游戏也总是提供类似的大片开放土地供玩家探索。在不同区域间游历所受到的限制，取决于征服当地主动怪[①]的难度，而非空间本身。例如，在《指环王Online》(*The Lord of the Rings Online*，涡轮，2007)中，霍比特人从夏尔郡（Shire）开始他们的冒险之旅。他们可以自由地试着前往幽谷（Rivendell），但在实力不够强大之前，很可能会在半途中被干掉。然而，如有其他高等级的朋友带着，则有可能成功完成旅程。因此，空间限制更多地与游戏规则而非空间结构相关。

在开放式景观类游戏之中，大型多人在线游戏值得特别关注。埃德文·巴比克（Edvin Babic，2007）认为，大型多人在线游戏明显背离了早期游戏中空间设计几乎完全工具化的特性。这一论点基于他的论文，即游戏空间设计与建筑规划理论的演化趋势类似，后者从“以物为中心、决定论的空间观，转变为以更加多元和文化敏感的方式，来鉴赏社会实践与材料艺术之间的关系”（para 4）。

根据德国社会学家马蒂娜·勒夫（Martina Löw，2001）的观点，巴比克将第一种概念称为“绝对空间”（para 6），将第二种概念称为“关系空间”（para 6）。绝对空间强调了欧式空间观，将空间视为一个空容器，以客观、可测量的方式表现身体和物体的不同

① 主动怪即玩家经过时会主动进攻玩家的怪物。——译者注

阵列。而关系空间则存在于“由行动者和对象之间的关系及互动所赋予的语境中”（para 8）。这种较为晚近的空间概念被一众理论家所讨论过，如亨利·列菲弗尔（Henri Lefebvre，1991）、爱德华·索亚（Edward Soja，1996）和段义孚（Yi-Fu Tuan，1974）等人，根据他们的观点，空间被视为社会建构的产物，而非由形式定义。巴比克将前大型多人在线游戏时代的空间与空间设计中的绝对空间观联系起来。在这里，游戏空间的建构是为了容纳特定活动。与之相较，大型多人在线游戏则通过持续的社会互动对空间进行转化，因此带有关系空间的特性。

巴比克的论点可以通过玩家涉入模型的维度来框架化。就大型多人在线游戏而言，空间涉入维度与共享涉入维度密切重合，而在他提到的其他游戏案例如《毁灭战士》（*Doom*，id Software，1993）中，空间涉入维度则与动觉涉入维度频繁交叠。

空间结构：竞技场

迈克尔·尼奇（2008）将竞技场视为游戏中多见

的一种特殊空间结构。尼奇有效地区分了竞技场与其他空间结构的空间特性，指出竞技场不提供导航的视觉线索，而是“提供了一种展演的画布”（183）。竞技场有时会被嵌入更大的虚拟环境中，诸如《魔兽世界》中的战场（battlegrounds）。尽管竞技场可能同时具有上述所列的任意空间结构，但用于承载多人战斗的空间通常有不同的设计标准。这是因为作为《魔兽世界》整体游戏环境中的分支游戏，其竞争属性需要维持一定的平衡，以提升不同派系间的公平性。

玩家会想要对这些空间有更详尽的了解，因为此类知识会使他们在游戏的竞争环节中占有相当大的优势。这些空间也更容易习得，因为他们在尺寸上比其他空间结构小。在第一人称射击游戏和即时战略类游戏中，竞技空间被称为地图（maps），而在赛车游戏中则被称为赛道（tracks），此外还有其他类型。竞技场包括简单的矩形足球场、赛车比赛的高速赛道、第一人称射击游戏中的地图，以及嵌入在大型多人在线游戏中的演武场。

竞技场可能是最为玩家所熟谙的空间结构。而在一个可自由漫游的开放地图中，玩家几乎不需要以竞技场那样的精度水平来认知周围区域的布局。例如，在一款赛车游戏中，是否了解能保持何种速度进入弯道至关重要，因为该游戏的核心就是最大限度地提高速度。类似地，在《反恐精英：起源》这款游戏中，了解地图的布局，清楚敌方最普遍的藏身之处，以及那些视角良好、能监控关键区域又能提供掩护的场所，会对玩家大有裨益。在此类游戏中，了解移动与空间之间的关系也是有帮助的。《反恐精英：起源》的老玩家会知道，在回合开始时，携带最轻便的武器（刀）沿着最短路线跑动，他们可以冲过多少区域。同样地，这些玩家也必须了解，如果他们的对手也采用同样的战术——所谓的“冲锋”（Rush）战术，快速冲击一个特定目标——他们将会在何处狭路相逢。

在多人竞技游戏中，对地图的深入了解同样是必要的。游戏的战术要素受到地图的空间布局和玩家能力、角色属性以及可用装备之间关系的极大影响。例如，在《反恐精英：起源》的一个回合战中，如果我以霰弹枪开局，而且知道对方装备了步枪和狙击步枪，我将确保与敌人近战，因为他们的武器在那个射程下不如我的有效。因此，我会在掩体间移动，不在易于射击的狭长走廊中暴露自己，希望在狭窄空间中对敌人直接跳脸。因此，如果我熟悉de_dust2 地图，开局在恐怖分子一方，会避免沿着中央走廊或右侧通往A门的路线前进，因为它们都为反恐精英一方提供了可供长程射击的走道。与之相对，通往B门的路线和那里大量可用的掩体，将更能发挥我所持有武器的优势。

正如这个例子所阐明的，对地图空间特征的知识，与所讨论游戏的规则和物理特性有着重要的关系。例如，在一些第一人称射击游戏中，一枪爆头就足以致命，将玩家从本轮游戏中淘汰出局；《反恐精英：起源》就是这种情况。有一些游戏，比如《虚幻竞技场》(*Unreal Tournament*，Epic Games，1999)，则需要多次射击才能杀死玩家，这样在开阔区域中活动就不那么危险。在像《虚幻竞技场》这样的游戏中，玩家可以以相对较快的速度移动并且能够承受更多伤害，因此持续移动更有利于生存。相比之下，在《反恐精英：起源》中，玩家在掩体之间的突然移动最容易受到攻击。因此，相比于《虚幻竞技场》,《反恐精英：起源》的玩家会更多地依赖环境提供的掩体来进行移动。

从空间到位置

游戏中所有上述形式的空间设置都会将玩家的即时位置内化，在地图中（《反恐精英：起源》），在关卡中（《荣誉勋章：太平洋之战》），在区域中（《上古卷轴Ⅳ：湮灭》），或在世界中（《魔兽世界》）。这种对可通行游戏空间的认知地图将会作用于不同尺度上，从在当前可见区域内定位自己，到在更大的地理场景中确认自己的位置。前者的例子可以通过《反恐精英：起源》的一个情境看到。我在de_dust2地图上的恐怖分子一方。回合一开始，我沿着内部区域朝着B炸弹点跑去。我穿过门口，向左转，只听到一颗闪光弹从左边的门口弹进房间的声音。屏幕变得一片惨白，所有声音都被高频啸叫掩盖。由于我相当了解地图布局，于是按下D键向右移动，然后同时按下S键和D键，确保我紧贴后墙沿着楼梯走下楼。然后，我向左移动鼠标，松开D键，以便在闪光弹的效果消失时面向楼梯，因为很可能扔出这枚闪光弹的反恐精英正在跑进走廊，寻找一个被闪瞎的对手。

在更广泛的地理尺度上（如果存在的话），空间涉入与个体在更大世界中的位置以及可能的通行方法相关。想象中的世界会给玩家一种更宏大的感觉，指示在那些山脉之外，还有更多未被探索的土地，可供玩家在有兴趣、有能力时探索。由此创造出的地方感，有助于使游戏世界显得更有信度、可栖居，而不仅仅是一系列环境的串联，就像《荣誉勋章：太平洋之战》中的情形；或者是一系列不相关的地点，比如《反恐精英：起源》中的地图。

随着对于游戏环境认知地图的逐渐完善，玩家对游戏环境的空间取向将从概念性转变为栖居性。当地形被熟记之后，在虚拟环境中自我定位需要的有意识关注会减少。在习得地图、地区或世界的布局所涉及的内化过程中，对游戏空间的栖居感会更加强烈；如果从另一个角度看，将导致游戏环境成为玩家即时环境的一部分：

> 我是一个非常视觉化的人。依靠地标而不是路名来寻路，可以很生动地想象出来。尽管中间有些地方有点模糊，因为我现在是从幽暗城（Undercity）飞到塔伦米尔（Tarren Mill）。无论

是现实世界还是数字世界，当我四处旅行并探索新地区时，自然而然地寻找特定类型的地标来帮助我保持方向感。这里有一个转弯，那里有一棵树。当我开始了解大型多人在线游戏中的地形布局时，会觉得更加舒适。我不知道其他人会怎么样。不仅仅是舒适感，也会有些自豪感。我知道我在哪里，要去哪里，而且知道怎样到达那里。（Rheric，《魔兽世界》）

玩家Rheric将对陆地的探索和认识与舒适感和自豪感联系起来。转向内化的空间涉入会创造更强的栖居感和对该地区的归属感。正如Rheric所言，无论在现实世界还是数字世界中，这一内化过程对于获得舒适感和归属感至关重要。如果你搬到一个从未去过的国家中的新城市，你会首先从绘制周围地区的地图开始，形成一幅每个事物所在位置的心理图像。在起始阶段，人们往往会感到迷失，与这个地方格格不入。该地区的心理地图开始确立的基础就是一系列地标，以及通过一次又一次地穿行其中而变得可识别的路线。当这些被习得之后，一种舒适感和归属感便会油然而生，使玩家对游戏环境形成一种依恋。这种依恋和熟悉感可以被当作一种区别性要素，来区分人们仅仅把环境视为空间，还是将其视为地方：“当空间对我们来说感觉非常熟悉时，它就成了地方。当空间很大时，这种转变会需要动觉和感知经验，以及形成概念的能力。”（Tuan，2007，73）

这个过程不仅在虚拟环境中发生，在现实环境中也同样如此。在数字世界中，视觉信息和认知地图的形成，比在现实生活中起到更为关键的作用，因为在数字世界中，热度、气味和多样的声音这些线索或缺失，或受限。因此，为数字游戏世界建立视觉地图变得更加重要，因为这是识别和区分空间的主要手段。这个内化过程的速率和效率有个体差异，但在很大程度上受到游戏世界中的区域设计，以及可通行或可交互方式的影响。这些设计上的问题在大型游戏世界中会变得特别重要，比如像《魔兽世界》中的艾泽拉斯，或《无尽的任务》（*Ever Quest*，索尼在线娱乐，1999）中的诺拉斯（Norrath）。

如果世界地形中有边界清晰的易识别区域，将会更便于玩家记忆并内化其布局。玩家越容易建立关于大陆、世界或区域的认知地图，就越会像Rheric指出的那样，在游戏世界的地理层面更加涉入。林奇

（1960）在他对城市感知和设计的研究中，强调了清晰可辨的设计特征的重要性，使得城市更容易融入意识中。他称这种属性为“可意象性”，并将其定义为：

> 物理实体的一种特性，使其在任何观察者身上都有更高概率激发强烈意象。它的形状、颜色或排列，有助于形成生动鲜明、结构有力、有实用性的环境心理图像。
>
> 从这个特定的意义上说，一座高度可意象化（清晰、易读、可见）的城市，会在视觉上构造优美、独特、引人注目，从而吸引视觉和听觉更多的关注和参与。对这类环境的感官印象不仅是一种简化，而且会延展和深化……感知敏锐且熟悉情景的观察者会吸收新的感官冲击，而不会打破基本印象，每一次新的冲击都会触及许多先前的元素。他会具有良好的方向感，可以轻松移动。他会对周围环境高度关注。（9-10）

尽管林奇把可意象性这个概念与物理结构相联系，但它同样适用于精心设计的可通行空间，正如数字游戏中的虚拟环境。我们还可以进一步指出，这一点对于那些主要通过视觉和听觉来进行表现的环境来说，甚至更为重要。在物理对象之外将可意象性应用于虚拟对象，可以修正林奇对这个概念的定义。在这种模型语境下，林奇对于“可意象性”的描述中，最关键的部分是在更新空间心理地图的过程中，通过将空间特征内化到意识之中，涉入会得到极大的便利。

在本质性研究中所展示的两个虚拟世界，在可意象化尺度上刚好处于两个极端[①]。《星际Online》中的大陆更难以理解和区别，而《魔兽世界》中的大陆则被描述得易于学习和记忆。《魔兽世界》中的地区有着非常差异化的配色，以及类型各异的植被、建筑和地形：

> 暴雪在让它们变得与众不同方面做得很好。他们通过配色和纹理让它们差异化。银松森林（Silverpine）充斥着蓝色和绿色，覆盖着木质纹理和浓雾。贫瘠之地（Barrens）……红色和橙色，带有岩石纹理。石爪山脉（Stonetalon）……和贫瘠之地配色类似，但有更多森林纹理。阿拉希（Arathi）和希尔斯布莱德（Hillsbrad）……大部分是绿色的，充满草和树叶。奥特兰克

① 请参阅附录以了解对这两个大型多人在线游戏的描述。

（Alterac）……覆盖着类似白色和冰雪状的东西。同样还有形状。银松森林……有很多耸立的东西。（Rheric，《魔兽世界》）

在《魔兽世界》中，如果我们从俯视视角考察艾泽拉斯地形的连贯性，就会发现游戏设计者更重视创造差异化的地形，而不是实现拟真的地理布局，因为热带地区紧邻温带动植物的区域。游戏中并没有对地区的设置给出解释，玩家也不需要了解，因为他们更关心的是美学特性和可意象性。与之相对，《星际Online》中的奥拉西斯星球（Auraxis）比艾泽拉斯更具有地理上的含义，但我采访的玩家们对其地形学的认同感较低，因为缺乏意象化和美学上的吸引力，使他们难以熟悉地景。他们抱怨，因为一些地区难以记忆而感到挫败，并自然而然地产生了对游戏空间维度的疏离感："在整个大陆上，大部分景观都差不多。所有树木看起来都一样……如果我在一个地方战斗了很长时间，会开始熟悉地形。但一周之后，又会和以前一样迷茫。不过有些地区却让我记忆深刻。"（Kestra，《星际Online》）

因此，空间涉入不仅描述了对屏幕上当前可见空间的内化，还涉及在更大的游戏区域内定位该空间的能力，通常得益于游戏内置地图或者其他玩家的指引（尤其在大型多人在线游戏中）。从指示性地图过渡到玩家身处的三维环境，会涉及栖居于世界之中还是更加抽离的区别，有助于熟悉游戏世界的地理环境。随着对游戏世界知识的增进，会感到它更加熟悉、更易于导航，被释放的注意力资源使玩家能够更专注于游戏的其他方面，通常会造成一种更深的参与感。

微缩空间

前面的讨论主要涉及玩家身处游戏环境之中的第一人称或第三人称视角角色扮演类游戏。角色扮演类游戏将玩家置于环境中的特定位置，而回合制和即时制的战略游戏，以及模拟游戏中的全知视角，则允许玩家的视野在景观上空自由漫游。即使部分微缩环境在玩家视野中不可见，仍然不妨碍探索的进行。玩家通过微缩模型来体验空间，就像在玩偶屋和桌面战争类游戏中那样。微缩空间在系统层面不可供栖居：玩家始终处于外部，指挥多个微缩模型来行动。这种与空间的非具象化关联，创造了一种全然不同的涉入形式，因为玩家并不担心他们位于环境中的化身受到威胁。在微缩空间中也永远不会迷路。

在微缩空间中的探索，是对预设图像的再现，而不会面临被消灭或迷失的危险。在最坏的情况下，一些被操控的微缩模型可能会在探索过程中被敌人击杀，但随后会生出更多，可供派出继续探索。在微缩环境中，能动性不与某个游戏实体挂钩，而是取决于当前命令中微缩模型的能力与玩家非物质力量的结合。例如，在《帝国：全面战争》中，玩家可以命令她的部队横穿葡萄牙，同时去调整西里西亚[①]的税率。

在这类游戏中，空间可以被描绘成微缩地景，就像大多数即时战略游戏（RTS），如《战锤 40K：战争黎明 Ⅱ》中的情况一样。微缩景观是某一特定环境的再现，以支持玩家与其中微缩模型间的互动。如果游戏涉及不同派系的微缩模型之间的交战，那么环境将包括防御目标、防御工事，以及包含移动速度、武器射程和其他模型特性的交火线。

许多游戏中的微缩景观都包含一些非常有利于实

① 中欧的一个历史地域，大致在如今波兰西南部、捷克北部俄斯特拉发一带和德国东部。奥得河及其支流几乎流经整个地区，两岸都有许多重要城市。——译者注

现游戏目标的资源。可能是可以开采的矿坑，可为持有者带来加成的特殊物品，或者可以建造特定结构的地形区域。微缩空间在设计中往往会考虑战术目标和可操作性。等距视图不需要提供有趣的地面探索和导航，即使景观是以三维形式渲染的，理论上可以让玩家以化身的方式在其中漫游。理解如何寻找并控制资源将微缩景观转变为一个战术空间。在微缩游戏中，内化空间因此成为理解和利用特定处所战术潜能的一种演练。虽然这一点同样适用于角色扮演的场景，但微缩景观往往更强调对资源的占领和管理。

一些微型环境在本质上是纯符号化的。往往是解谜游戏、数字化桌游或类似衍生物。在这些游戏中，空间涉入直接与空间控制相关联。例如，《大战役》（*Risk*，孩之宝，2009）将领土控制作为核心机制：玩家的能力直接与他们控制的领土挂钩。类似地，在更抽象的棋类游戏，如跳棋和国际象棋中，控制空间是获胜的关键。在这些情况下，空间不是一个可栖居的地景，而是一种需要出于竞争目的而进行控制的资源。在这些案例中，从体验和设计的角度来看，空间涉入都会与战术涉入密不可分。

空间涉入框架定义了玩家与虚拟环境的空间属性

之间的关联，包括空间控制、导航和探索。这涉及内化游戏空间的过程，是吸引玩家并使他们感觉自己栖居于某个地方，而不仅仅是对空间表征进行感知的重要因素。

第六章　共享涉入

宏观相位：游戏世界中的社交

早在数字游戏诞生之前，人们就经常在公共场所进行多名玩家参与其中的游戏。数字游戏的崛起为游戏的创制赋予了更大的潜能，使得玩家可以与自动化系统而非人类对手对抗。虽然一些非数字游戏早已支持单人模式，比如纸牌游戏、《战斗幻想》[*Fighting Fantasy*，伊恩·利文斯通（Lan Livingstone）和史蒂夫·杰克逊（Steve Jackson），1980]这样的单人RPG书系，以及更复杂的策略游戏如《群狼猎航》（*Wolf pack*，Simulations Publications，1975），但计算机仍然是破解其玩法的理想工具。它们还最终为游戏提供了图形表现力，取代了成本更高，但也许更迷人的微缩模型和沙盘模型。

如《太空大战》（*Spacewar*, Russell, 1962）和《乓》这样的早期数字游戏，都被设计成可供两名玩家同时游玩，这一趋势贯穿于之后的每一代家用计算机技术媒介。从雅达利VCS到任天堂Wii，游戏主机总是被设计成可供多名玩家同时游玩。然而，个人电脑游戏直到网络的出现才更加适用于多人游戏，起初是通过互联网，后来是通过本地局域网（LAN）派对来联机对战。局域网派对通常会包括一批玩家，在同一场所内通过路由器将机器相连，通常在专门为此次活动租用的场地内进行。在多数国家，都会定期组织局域网派对，包括各种竞技锦标赛。

今时今日，在线多人游戏正变得日趋流行。除了嵌入在社交应用程序如脸书（Facebook）中的游戏，最新一代的游戏主机已经把多人游戏和社交整合为基础界面的一部分。索尼甚至为PlayStation 3进一步开发了《PlayStation之家》（*Home*，SCE伦敦工作室，2008），一个玩家打开PlayStation 3就能随时访问的虚拟世界。任何拥有在线账户的玩家都会获得一个可定制的化身和一套可以按自己喜好装饰的公寓。玩家可以展示他们在游戏中获得的奖杯，并邀请朋友来自己的公寓一起玩游戏、看视频。尽管《PlayStation之家》不同于大多数大型多人在线游戏那样具有连续的地理空间，但它能代表游戏发展的方向。个人电脑和游戏主机已经成为连接大型玩家网络的门户，玩家们可以在这里游戏、竞技、社交。

大型多人在线游戏的主要吸引力之一，在于它能支持遍布全球的众多玩家同台竞技（Steinkuehler and Williams，2006；Taylor，2006）。这种社交参与可以表现为多种形式：在组队聊天频道中直接对话，在游历中与其他玩家所控制的角色邂逅，或者仅仅是公屏聊天嗡嗡的背景音[①]。即使在玩家不直接与他人合作或竞技时，仅仅是他们虚拟角色的存在就在创造着全球社区更广泛的互动。其他玩家的存在，作为隐性或实际的旁观者，显著改变了我们对游戏环境的理解和互动方式。大型多人在线游戏不仅仅提供了一个游戏系统、一个可交互的自动化游戏世界：它们旨在培育一种延续性的社会结构，营造出一种身处鲜活世界中的感觉。正如一位研究的参与者所说："我觉得最让我震撼的是意识到这成千上万、跑来跑去的角色，实际上都是世界各地正沉迷于他们的电脑的鲜活的人。透过我的显示器，那里是一整个活生生的世界。"（Baal，《魔兽世界》）

① 大多数大型多人在线游戏都有一个区别于"说"或"喊"的沟通频道，即覆盖本地区域或全局（根据设计而定）的频道。

大型多人在线游戏与其他数字游戏的区别就在于，它们倾向于发展成为一个完全的在线社会。友谊有始有终，关系确立，婚姻缔结，背叛上演。一个最好的例子就是2005年4月《星战前夜》（*EVE Online*，CCP Games，2003）内臭名昭著的抢劫事件。一个名为“操纵之手”（Guiding Hand Social Club）的军团[①]被一个玩家公司雇用，来渗透并破坏名为Ubiqua Seraph的敌对公司。经过数月的精心策划，“操纵之手”潜入了Ubiqua Seraph组织内部，夺走了价值超过16500美元的虚拟资产，并使Ubiqua Seraph陷入绝境[②]。

虚拟世界中形成的社会联结和张力并非与日常生活迥然分离；实际上，大型多人在线游戏的流行，部分原因就在于在其他环境中形成的社会惯例能够被轻松移植到游戏之中。正如一些研究的参与者所说，一旦游戏中的角色达到满级，大型副本[③]也跑过很多次，玩家就会经常登录，与在游戏中结识的朋友保持

① 即《星战前夜》中类似公会的组织。

② 该事件的详细报道可在http://eve.klaki.net/heist 上找到。

③ “副本”是特别为组队而创建的区域，作为世界中的子地区独立运行，其他组外用户无法进入。完成这些任务通常需要5—40名玩家的协同合作，并需要进行大量“行动”之前的准备工作。

联系。如果地理条件允许，这些友谊还会转化为游戏之外的关系："我的三个室友中有两个都是我通过MUD[①]结识的。我实际上是为了和他们在一起才横穿整个国家搬家过来的。之前曾经来游览过三个星期，于是决定找份工作留下来。和他们的友谊真的很有意义。"（Splate,《魔兽世界》）

共同兴趣是多数友谊建立的重要基础，所以并不奇怪，有时玩家们会觉得，相比于日常生活中的人，他们更容易与在线游戏中的人建立关系。他们至少有一个共同的兴趣：进入虚拟世界。设计师通常会把在线游戏中的某些关卡设计为必须与他人合作，促进玩家们的共同兴趣。

最重要的是，加入公会成为体验所谓终局玩法[②]（end-game）的先决条件。成为公会的一分子为玩家提供了一个可供长期互动的固定群体，提升了发展深层关系的潜力。与他人一起做事情会产生出一种社会纽带，其强度往往超过其他形式的在线交流，比如聊

① MUD 即Multiple User Domain 的缩写，意为多用户虚拟空间游戏。

② 一个以等级结构为基础而设计的大型多人在线游戏（MMOGs）（相关详细讨论请参阅第四章）通常被认为有两个主要的游戏阶段：从级别1到最高级别（《魔兽世界》中为60级）的进阶，以及最高级别角色可进行的性质不同的各类活动，后者通常被称为游戏终局阶段。

天。公会成员必须互相依靠、彼此保护，一起战胜其他玩家和电脑控制的角色。

因此，在线交流以共同的经历为历史情境，使得一些特定的互动比在聊天频道上的讨论更有意义。另外，对游戏之外内容的讨论也经常发生，特别是当玩家在参与一些简单或机械重复的任务，比如刷怪（grinding）或收集材料时。跑图也是与他人交谈的绝佳机会，因为经常耗时漫长，这时玩家只需确保角色朝向正确的目的地前进，除此之外也几乎没有其他事情可做。

一些公会是区域性的，比如《魔兽世界》中的一支公会由来自得克萨斯州奥斯汀的玩家组成，我研究中的一位参与者就隶属于这个公会。这个公会定期在游戏之外举行月度聚会，玩家有机会见到经常与他们一起游玩的那些游戏角色背后的真实面孔。游戏中的行动和交流也因此被赋予了额外的意义，因为玩家知道他们可能会真的见到正在互动的人：

> 我经常在网上调笑一个男的，说要和他睡觉，因为我知道他最近离婚了。我觉得他喜欢这种关注。他两周内就会来得克萨斯州参加公会聚会，我会在那时（见到）他。我们在做任务时使用

> Ventrilo[①]，所以我甚至在那儿和他调情。事实上，我很少用Ventrilo调情，因为当你把声音与一个人联系在一起，他们对你来说就会变得更真人化了，而不再是头脑中想象出的那个人了。（Nombril，《魔兽世界》）

像其他形式的在线交流一样，大型多人在线游戏所提供的社交方式，可能是日常生活中由于地理、个人或社区因素而无法实现的。正如埃德华·卡斯特罗诺瓦（Edward Castronova，2005）所言，如果说大型多人在线游戏是20世纪90年代所宣扬的虚拟现实世界的当代实例，那么它们创造的“现实”并不是通常所指的真实（real），即有形的、物化的实体；而是创造出了日常生活中的社会现实，同时包括所涉及的各种机遇与问题。大型多人在线游戏不同于其他形式的在线交流，还因为它们鼓励目标导向的活动，为与他人的交流和合作提供了一个情境、动机（Klastrup，2004；Taylor，2006）：

① 一种基于IP（VoIP）的群聊沟通软件，能够为团队或个体之间提供群聊支持。——译者注

你有机会认识其他人并结交新朋友……互联网聊天室没有一个明确的“目标”。不同的是，大型多人在线角色扮演游戏则提供了共同克服各种难题的机会，而不仅仅是你来我往地打字。（Haelvon，《魔兽世界》）

大型多人在线游戏中的政治

2006 年 1 月底，《魔兽世界》中的一个新公会宣告成立。在对公会性质的描述中，创始成员莎拉·安德鲁斯（Sara Andrews）表示，欢迎男女同性恋者与跨性别人士。一些玩家听说该声明后，向暴雪娱乐举报了安德鲁斯，随后暴雪娱乐警告安德鲁斯停止组建公会，否则将封停她的账户。他们称安德鲁斯的公会违反了《魔兽世界》“使用条款”中关于“性骚扰—性取向”的规定：

在《魔兽世界》中进行聊天或以其他方式使用《魔兽世界》时，您不得……传输或发布任何经暴雪娱乐单方面裁断的冒犯性内容或语言，包括但不限于非法、有害、威胁、辱骂、骚扰、诽谤、粗俗、淫秽、仇恨、性暴露，或种族主义、民族主义或在其他方面令人反感的内容或语言，您也不得使用拼写错误或替代拼写来规避对上述内容和语言的限制。(《魔兽世界》使用条款，2006 年)

这一事件说明了诸如魔圈之类的概念在分析或在虚拟世界（如大型多人在线游戏）做决策时可能会多么危险。暴雪娱乐公司反复强调，在游戏内部，沟通应限于与游戏相关的讨论，不应偏向政治或社会议题，以免影响其他玩家的游戏乐趣。对于暴雪娱乐来说，坚持魔圈概念是一个有吸引力的选择，因为它使得大型多人在线游戏可以被视为一个与日常社会关切和政治问题相隔离的游戏。像暴雪娱乐这样的公司有目的性地设计游戏元素来促进社交联系，深知这种联系能够建立与社区的持久连接，从而使用户持续游玩并支付月费。建立社区有助于创造更丰富的游戏体验，更重要的是，从商业角度来看，社交参与往往能够扩充游戏内容，吸引玩家，减少对预设剧情内容的需求。当游戏目标和成就的吸引力开始减弱时，游戏的社交内容可以延长玩家对虚拟世界的兴趣，使开发者有足够的时间发布新的可探索区域和其他游戏内容，重新激发玩家的兴趣。

在虚拟世界中与其他人一起玩对玩家来说是一个重要的动机，使他们尝试并继续参与这类游戏。本节主要关注大型多人在线游戏，因为它们是最依赖于大规模社群形成才能存在的游戏环境。毫不奇怪，当被问及对大型多人在线游戏的哪些方面最感兴趣时，大多数参与者都回答，吸引他们的是在一个不断发展壮大的社群中身为一员的感觉："我必须要说，我最喜欢的是能够与其他玩家一起融入充满活力的在线世界。集结起来做事儿的社交体验非常棒。"（Inauro，《魔兽世界》）

参与者经常会讨论到，他们在大型多人在线游戏中的社区感与其他多人游戏大厅和互联网聊天室中的区别。大型多人在线游戏的连续性地理空间，给他们一种置身于人群中的感觉，因为玩家可以实际看到其他社区成员的虚拟化身在世界中漫游。能够毫不费力地结识新人，会带给人一种特别的兴奋感，这在日常生活中可能很难实现，特别是在某些文化和地理背景下。雷·奥尔登伯格（Ray Oldenburg，1999）在他关于当代美国社会空间的书中指出："至关重要的群体体验正在被个体的过度自我意识所取代。物欲横流、追求享乐的美式生活方式，正在被索然无味、孤独和疏离所困扰。”（13）康斯坦斯·施泰因库勒（Constance Steinkuehler）和迪米特里·威廉姆斯（Dmitri Williams，2006）利用了两组民族志数据，即来自《天堂》（*Lineage*，NCSoft，1998）和《天堂 2》（*Lineage 2*，NCSoft，2003）、《阿斯龙的召唤》（*Asheron's Call*，涡轮公司，1999）和《阿斯龙的召唤 2》（*Asheron's Call 2*，涡轮公司，2002）的玩家，来检验大型多人在线游戏是否符合奥尔登伯格对于“第三空间”（third places）的界定标准：“在家庭生活日益私有化的情况下，最需要的是那些能够维持公共平衡的‘第三空间’。第三空间指的是非正式的公共聚集场所。这一概念源于将家庭视为生活中的‘第一’空间，工作场所为‘第二’空间。”（Steinkuehler and Williams，2006）

施泰因库勒和威廉姆斯得出结论，大型多人在线游戏符合奥尔登伯格（1999）第三空间的大部分准则。然而，他们也指出，大型多人在线游戏更擅长在不同背景的人群之间建立广泛的社会联系（“桥梁”bridging），而非深刻的、有情感基础的联系（“羁绊”bonding）。然而，由于奥尔登伯格的论点主要就是针对建立前者类型社会资本的机会缺失，施泰因库勒和威廉姆斯得出结论，大型多人在线游戏实际上是这种场所，能够发挥奥尔登伯格所认为的当代美国郊区迫切需要的第三空间功能。

因此，与他人一起玩乐的吸引力是当前虚拟世界蓬勃发展的一个显著因素，如果施泰因库勒和威廉姆斯的观点是正确的，线下第三空间在质量和可及性方面的衰败，也驱动了虚拟世界的流行。然而，施泰因库勒和威廉姆斯讨论的问题主要基于美国社会，在其他第三空间依旧在日常生活中维持显著地位的社会中，大型多人在线游戏所满足的社会需求可能没有那么强大。

微观相位：游戏过程中的合作、竞争和共栖

文学和电影中充满了复杂程度各异的角色。有些角色丰满，有的角色则比较平淡。作家可以决定扩充作品的某些篇幅，而将某些角色部署在主要位置上，其他角色则发挥相对次要的支撑性作用。当然，这个世界里还有其他角色，在个别场景中以功能性方式介

入：卖报人、深夜餐馆女服务员等。文学作品或电影的世界总是充斥着各种角色，由作者通过一定的方式塑造和呈现。对此，读者会在其中加入自己的解读：甚至可能添加关于角色的信息或解读出作者本意之外的东西。无论如何，我们可以说，文学和电影中的角色所拥有的生命，是基于作者为之赋予的人物特质和生命史。

游戏环境中也有大量角色存在，但与文学和电影不同的是，这些角色不仅仅通过表现手段向我们呈现。除了表现，它们还具有编码属性，如行为模式、心理状态和身体机能。在游戏《孢子》（*Spore*，Maxis软件，2008）中，一群独眼犀牛袭击了一群温顺的鸵鸟状食草生物，并非因为开发者命令它们这样做，而是因为这些独眼犀牛的编码行为规定它们会在一定距离范围内主动攻击更弱的生物。这些属性不仅由作者描述或暗示，而且组成了将屏幕上的呈现转化为某种行动的设施。它们由设计师所创建的框架、玩家创制这些生物时的创造性触动，以及生物所处的情境共同决定。因此，游戏中的实体不仅是基于描述和暗示而形成的一个扁平或圆润的角色，而是一种具有特定特征和行为的模拟。

正如我们在宏观相位的部分已经看到的那样，然而这还并非故事的全貌。游戏环境中的代理也可以由人来控制。因此，角色就像即兴剧场的演员，只是置身于比舞台更广阔的环境中。你在《魔兽世界》中的铁炉堡城（Ironforge City）看到的四处奔跑的角色，是其他玩家按自己的意愿所操控的。当与这些角色交互时，你很清楚自己是在通过化身与其他人交互："知道化身背后有一个真实的人，会以某种方式让体验更加沉浸/强烈。"（Sunniva，《星际Online》）

人们会如何理解和响应游戏世界中的其他角色，往往取决于他们认为这些角色是由人类还是由计算机所控制的。两者之间的区别有时可能难以辨别，尤其在玩家对某种或某类游戏尚不熟悉时。但通常，玩家会知道哪些角色是由人类控制的，哪些不是。一旦做出了这种区分，玩家对实体的态度往往会发生变化。总体而言，共享涉入包括三个维度：共栖、合作、竞争与冲突。

共　栖

环境中其他代理的存在，可以将一个虚拟环境从沉闷和空旷的空间变得充满趣味而生机盎然。共栖的吸引力在基于角色扮演的游戏中尤为重要，因为它在空间和社交上牢牢将玩家锚定在场景中。当玩家走过游戏环境中的城市街道，周围也充满正在行走、交谈和互动的代理时，她会产生身临其境的感觉，模糊掉她正在与一个模拟界面进行互动的事实。如果这些代理并非静态的、显著模式化的，这种印象往往会更加强烈。人类玩家会提供最强烈的共生感，因为玩家会意识到有其他人类在共享着关于那条街道的经历（Lim and Reeves，2006）。

人类本能地将计算机和计算机控制的代理视为社会存在。拜伦·里夫斯（Byron Reeves）和克利福德·纳斯（Clifford Nass，1996）发现，人们会在一点轻微的刺激下就将媒体界面视为社会行为者，从计算机请求帮助到给予赞美，都是如此。里夫斯和纳斯的研究中有一个有趣的发现，我们对媒体表现的第一反应是将它们视为客观存在：

> 社会和自然反应不需要策略性思维；相反，它们是无意识的。这些反应不受提供者自主权的控制；它们恒定、迅速地发生……通过微量线索就可以激活由媒体程式所定义的自动反应。我们可

以观察到，这种程式带有通过几个词或简单的线条所表达的人格。（252-253）

这些发现得到了热拉尔（Gerhard）、摩尔（Moore）和霍布斯（Hobbs）（4）的证实，他们的研究表明，即使虚拟环境中计算机控制的代理是粗糙而不成熟的，玩家仍然会有共栖感。如果这些最低限度的线索足以让里夫斯和纳斯实验中的参与者产生与社会实体互动的感觉，我们就可以假设计算机控制的游戏角色也是如此，特别是因为它们会通过更高质量的视觉和听觉表现来传达，并展示出更复杂的行为。正如M. 瑞恩·卡洛（M. Ryan Calo，2010）所指出的，随着计算机控制代理行为和它们的视听表现技术的发展，这种倾向会不断增长。

《侠盗猎车手Ⅳ》中的迪米特里·拉斯卡洛夫（Dimitri Rascalov）背叛了玩家控制的角色尼科·贝利克（Nico Bellic），此前尼科已经冒着生命危险，按照迪米特里的要求杀死了后者的前老板。玩家们会将这一事件看作被一个多行不义的黑帮分子背叛了，而不是与计算机程序的互动（Gerhard，Moore，and Hobbs，2004；Reeves and Nass，1996；Ruvinsky and Huhns，

2009)。因此，尽管玩家与人类化身和计算机控制的代理之间的关系存在明显差异，但两者都有能力在虚拟环境中产生该模型维度所描述的这种共栖感。持续运营的大型多人在线游戏为共享涉入添加了额外的维度。

在大型多人在线游戏中，角色会在比较长的时间内一直存在，在这个过程中，除了为角色换装或更换装备，没有更名或改变外貌的选项。因此，玩家会在同一台服务器的其他玩家群体中逐渐积累声誉，无论是正面还是负面。一些公会或组织会把那些引起公愤的玩家列入"见一次杀一次"黑名单，例如不正当拾取（ninja-looting）（使用不公平的手段从杀死的怪物身上拾取稀有物品，随后离队）或偷袭（ganking）（杀戮等级悬殊而不可能战胜自己的角色，而并不为获得特定收益）。在大型多人在线游戏中，一个人的社会地位往往会对玩家在实际游戏过程中所做的决策产生重大影响。

与共栖更进一步相关的另一个要素是旁观。在多人游戏，特别是那些允许在不参与游戏时以其他玩家视角进行观摩的游戏中，个体的行为就变成了一场被他人观看的表演，还经常会遭到评论。在线多人游戏的玩家倾向于在不同游戏中使用同一个昵称，以便被特定的游戏社群认出来，从而通过行动建立声誉。加入一个战队[1]通常需要经过试训，申请者会接受资深成员的筛选，他们会通过观战模式对申请者的行动进行几回合的观察，来评估其能力。

旁观者也可能位于与玩家相同的物理空间中。在客厅家用机上玩游戏的场景就是一个很好的例子。如果你在与朋友对战《FIFA 2009》，同时被一群人观看，他们为你或你的对手加油，为比赛最后几分钟射中立柱的射门倒抽一口冷气时，你意识到这些观众的存在，有可能更深地涉入游戏之中并加剧情感涉入。这样一来，无论是你在游戏还是物理环境中的行为，对观众而言都会成为一场表演。表演者/观众的关系也可能促使玩家以更加吸引观众的方式来操作，从而将重心从功能性的目标导向行为，转向更具视觉吸引力、让人印象深刻的动作之上。

合　作

多人游戏的另一个方面是在达成共同目标的过

① 战队是一群通过在线或本地方式组织的玩家，他们一起参加各种竞技比赛。

程中，多人合作的重要性（Manninen and Kujanpaa，2005；Heide-Smith，2007）。合作的需求可能会使玩家通过沟通和团队合作涉入其中。例如，《光环 3》（*Halo 3*，Bungie，2007）可以在同一间客厅的分屏上由两名玩家合作进行。这种发生在同一现实场所内的所谓合作游戏，其乐趣在于玩家之间的即时互动，使得他们更容易通过口头交流和观看对方的屏幕来协调行动。例如，如果一名玩家迷路了，另一名玩家可以更便利地引导他到达会合点，或在游戏中找到他，这比迷路的玩家通过语音聊天来描述自己的位置要容易得多。在同一台机器上玩的合作游戏最主要的局限性通常是空间导航的自由度：玩家经常被限制在彼此密切接触的距离内，关卡也以适应这种需求的方式来设计，导致它们通常是线性的，在空间上比较局限。

在同一现实场所中进行的另一种合作玩法是局域网游戏，在同一房间或大厅内的多台互相连接的计算机上进行。这些活动有时在玩家的家中私下举行，或者在更大的场地进行，经常有数百名玩家参与其中。较大规模的局域网通常会承办电竞锦标赛，来作为竞技游戏的主要枢纽。在这个水平的竞技中，团队合作需要无缝沟通和协作，可视为实时联网协作的巅峰。

专为合作玩法而设计的游戏在联机PC游戏中越来越受欢迎。这类游戏最知名的例子莫过于《求生之路》（*Left 4 Dead*，维尔福软件公司，2008）。该游戏将玩家置身于一个聚集着一群末日幸存者的场景中，玩家必须穿越僵尸肆虐的区域前往救援点。游戏中有四名幸存者，在理想情况下，每位玩家控制一个角色。玩家需要互相帮助，并且紧密团结以应对险恶的环境。游戏使用AI来制造戏剧张力，通过生成成群的僵尸来增加紧张感。僵尸不仅出现在特定位置，还会在玩家脱离小队或穿越区域时间过长时刷新。除了普通的僵尸，还有四种特殊僵尸，每种都有特定的能力，当它们成功在玩家身上施展技能时，需要队友的帮助才能克服。其中一种名为“猎人”（Hunter）的僵尸会试图向玩家扑击。一旦生还者被扑倒，就会被“猎人”压制在原地，被抓咬而持续地快速掉血。玩家无法从这个突然跳出来的“猎人”手下自救，需要队友将其射杀。类似地，“吸烟者”（Smoker）会伸出长长的舌头缠绕玩家的颈部，将她拉向自己。她有几秒钟的时间试图射杀他，之后就会被拖拽，慢慢勒紧。同样地，如果她想活下来，队友就必须前来解救她。除了这些促进相互依赖以求生存的机制，游戏还设置了一些使合作更便利的机制，让玩家能够穿墙透视看到彼此，始终能够知道队友的位置。在这里，现实主义被牺牲掉以换取一种视觉机制，确保玩家不会在区域中迷失，让玩家更容易团结在一起。玩家还有一个一次性医疗包，可用于自救或救助他人。由于敌人众多且弹药有限，游戏可能会非常具有挑战性，进一步增强了合作和清晰沟通的必要性。

在大型多人在线游戏领域，团队合作在各层面都是至关重要的。整个游戏世界范围内的玩家均可以临时性的方式互相帮助。如果你看到另一个玩家被狼追赶，你可以介入并尝试驱赶它们，或者分流其中一些，这样你和另一个玩家就可以一起对付它们。相比于简单的闲聊，这种自发的合作更能培养社交关系。一些研究的参与者评论说，能够以这种不经意的方式帮助别人，共同合作，会让他们有满足感。

大型多人在线游戏主要通过协作玩法来实现订阅付费。这些游戏专门为玩家的组队合作设计了两种机制：团队和公会。在大多数大型多人在线游戏中，组队是一个必要的方面，因为游戏就是如此设计的，需要玩家在等级逐渐提升的过程中进行团队合作。在大多数多人游戏中，玩家可以独自或者组队进行支线和主线任务。随着角色技能上的进阶，通常以等级来衡量，一些支线任务会强制玩家组队以完成关卡，从而有效地促进了团队合作。在后期，原本由五六个人组成的小团队变成了由15、20，甚至40人组成的大团队。他们通常在一个封闭的情景内花大量的时间来完成一系列支线任务。由于这些任务需要投入大量时间、进行有机合作以及大量的准备工作，所以玩家需要固定的队友。他们不仅在执行任务时合作，还在为任务进行准备时合作。这促使，甚至迫使玩家结成公会。公会能让玩家在一个共同的聊天频道上交流，以此来促进合作，使他们能够随着时间的推移彼此了解。第三方的语音通信程序，如TeamSpeak或者Ventrilo，经常被用于文字聊天频道的补充。公会还会组织虚拟社交活动和小游戏，旨在拉近公会成员之间的关系，并确保所有人都享受愉快的氛围。

参与者表示，在大型多人在线游戏中，与远隔万里的人合作以达成共同目标，是一个关键且引人入胜的因素："在第一人称射击游戏中，数百人'尝试'为一个共同的目标而努力。虚拟军团永无止境地战斗，这个理念真的对我很有吸引力。还有与你的盟友协作来实现特定目标。当你的团队所向披靡时，你会

感到一股温馨的暖意。”（Bladerunner，《星际Online》）

共享涉入的合作方面似乎会随着参与其中的人数的增加而变得更加吸引人。有时候也会出现问题，但是当合作顺利时，这些努力会被认为物超所值。当我要求参与者描述令他们难忘的场景时，有相当大比例的玩家，尤其是《星际Online》的玩家，描述了在大型战役中成功进行大规模协作的情况。有趣的是，即使是《魔兽世界》的参与者，无论是来自“玩家对环境（PvE）”和“玩家对玩家（PvP）”服务器[①]的玩家，所有人提到的合作涉入案例都与PvE相关，特别是在高等级的情况下。除了两名参与者，几乎所有人都表示参与大型游戏的主要原因是与他人互动，无论是合作还是竞争（尽管合作被最为频繁地作为一个动机提及）。

---

① 一些大型多人在线游戏存在于不同的服务器上。这些服务器可能会以不同的游戏或社交机制运行。例如，《魔兽世界》中的PvP（玩家对玩家）服务器允许一个角色随时攻击其他阵营的任何角色。在PvE（玩家对环境）服务器上，只有当角色开启了PvP标志时才能被攻击，可能会发生在他们与其他“有标志”的角色之间，或攻击对方阵营的NPC（非玩家角色）。还有一些角色扮演服务器，更注重以角色的视角来对话（类似于MMOGs的前身纸笔游戏）。

竞争与冲突

游戏的竞争性元素，即罗歇·凯卢瓦（Roger Caillois，1962）所称的"agon"，自其诞生以来就一直存在。数字游戏并没有减少人们对竞争的偏爱；如果说有什么变化的话，就是它们提升了这种能力，使每方都能容纳成千上万名来自世界各个地区的参与者，展开直接竞争。这种与遍布全球的众多玩家进行实时竞斗的能力，使竞技行为在范围和可能性方面都有所扩展，催生了重要的范式转变。

数字游戏提供了多种竞争形式，从传统的桌面游戏如纸牌、棋盘游戏、战略战争游戏，到对体育比赛如足球、篮球和其他运动比赛的模拟，再到对非体育类竞赛如枪战、空战或中世纪剑技的模拟。其核心吸引力在于玩家可以参与一些历史上曾经上演过的，或者完全架空的竞赛，这些竞赛要么不可能发生在日常生活中，要么带有危险甚至致命的后果。

早期的数字游戏会让两名玩家互相对抗。《乓》是对网球的抽象，而《战斗任务》（*Combat*，雅达利，

1977）是一系列双人游戏的集合，以类似的抽象方式模拟坦克大战、飞机空战。尽管简易，但这些游戏被证实非常有趣，因为它们为玩家之间的同台竞争奠定了基础。

今天，竞技的可能性已经无限丰富。玩家可以在像《GT 赛车》这样的分屏赛车竞速游戏中，使用同一台游戏主机来对战，或进行同屏对战，就像在《FIFA 2009》中那样。也有玩家需要在游戏主机上共同合作以完成任务，但同时又要相互竞争以取得更高分数，如《摇滚乐团》（*Rock Band*，Harmonix，2007）。

在直接竞争的情形下，参与竞争的各方有着相同的目标，但游戏世界中的实体也可能因为不同的目标而发生冲突。在《指环王Online》（*The Lord of the Rings Online*，Turbine，2007）中，如果玩家计划在布理（Bree）和幽谷（Rivendell）这两座城市间穿行，一些电脑控制的生物会靠近并袭击你，从而引发冲突。与之类似的，在尝试完成该游戏中安格玛（Angmar）地区的任务时，你可能会与其他玩家控制的生物群发生冲突，而对方则带有另一个目标：从敌对玩家手中夺取阵地。因此，庞杂的虚拟环境可能会导致冲突发生，甚至并非因为同一个目标，但它可能成为一方达成目标的促进因素，或者是障碍。

在像《半条命 2》、《潜行者》（*S. T. A. L. K. E. R.*，GSC Gameworld，2007）等很多其他的单人动作游戏中，计算机控制的角色是造成冲突的主要来源。虽然不及人类玩家那样灵活多变，但计算机控制的角色越来越复杂，已能够从玩家的行动中学习并相应地采取行动。在像《太空侵略者》这样相对原始的形态中，敌人高度可预测的模式使它们成为不太有吸引力的对手，但技术的发展已经突破了这种形式。

马拉比（Malaby，2007）对于偶然性的强调在这里会非常有用。马拉比的游戏模型将游戏作为一个充满了人为制造的偶发事件的交互领域，其中的一个方面就是“社会偶然性”：

> 对于诸如象棋、扑克还有很多无法穷举的游戏而言，无法清楚了解他人的想法（通常是智谋）的不确定性是一个关键组成要素。（经济学）博弈论对信息差的关注程度，反映了对社会偶然性作为游戏要素的正确认识，但这绝非偶然性的唯一来源。挑战不仅仅来自对他人观点做出正确猜测，还要基于这些猜测采取行动。（Malaby，2007，16）

马拉比有见地地指出，社会偶然性与行动偶然性相互依存。玩家们通常会因为尚不完全了解对手的能力和计划而感到被深深吸引。他们最多只能对一个或一组对手可能采取的行动路径进行合理推测，然后相应地采取行动。为了应对对手所设下的挑战，玩家会对自己的能力有所认识，根据这种认识对他的行动进一步校准。社会偶然性有助于我们理解为什么更具竞争力的玩家喜欢与人类玩家而不是由计算机控制的角色对战："实际上有其他人与你一起玩……或者和你对抗。而不只是一些人工智能一直在指挥。而且人类玩家总是更有深度。这真的很让你着迷，带你领略游戏的乐趣。人类元素为游戏增添了许多乐趣和惊喜。使之变得更具挑战性和真实性。"（BunkerBoy86，《星际Online》）

由于当前技术的限制，以及计算机会按照设计者预先设定的规则行动（尽管这些规则有时会以设计者都未曾预料的方式重组），AI代理的社会偶然性往往更容易被留意观察其行为的玩家所破译。对对手或AI代理行为密切关注以试图减少社会偶然性，只有在玩家的注意力不再有意识地被涉入的其他方面所牵引——尤其是动觉涉入，才会成为可能。

如果我们仍在学习如何在环境中移动和与之交互，将无法对对手的策略和预期行为做出明智的决策。像其他维度一样，共享涉入或者需要有意识的关注，也会被玩家内化。游戏中的合作和竞争通常都需要大量下意识的或至少是半自觉的学习，以便达到熟练并最终掌握和内化。

计算机控制的代理能否成为一个足够有挑战性的对手，取决于所讨论的游戏。例如，在《帝国：全面战争》这样的策略游戏中，计算机控制的阵营在战役模式下表现为足够具有挑战性的对手，但在即时战斗中则相对容易被击败。一方面，对玩家而言，挑战在于AI控制部队的所有单位总是根据植入的编码而同时行动，玩家则必须单独控制每个单位，或将它们集群编队。但另一方面，如果考察整支军队的行动，AI并不以一种具有连贯战略意图的方式行动，并且对于每个独立单位与整个军队及敌人之间的相对作用显得缺乏认识。敏锐的玩家很容易察觉，计算机控制的单位遵循由特定提示而触发的动作脚本模式，也就缺乏对整个战局的宏观认识。例如，只有当轻骑兵单位进入一定范围内时，游击步兵单位才会开始逃离，否则不会。而一个人类玩家可能早已经注意到了侧翼的骑兵单位正在接近他们的游击步兵，并在此之前就转移了他们，以避免被压制。计算机似乎没有对于战场及其作战单位的全局观。

在第一人称射击游戏中，一方面，由电脑控制的角色因枪枪爆头的命中率而具有一定的危险性。他们很少会射偏，或被矮墙挡住。另一方面，他们也往往容易被欺诈。电脑控制的角色似乎无法通盘思考整个环境，并且无法对玩家设下的诡计做出反应。里姆（Lim）和里夫斯（Reeves，2006）调查了当分别面对被认为是由其他玩家控制和电脑所控制的对手时，玩家的情绪唤起和参与度之间的差异。研究结果显示，与人类对手对战时，玩家对游戏的自主反应和理性反应都会随之增加。

在诸如《反恐精英：起源》、《使命召唤 4》和《红色管弦乐》等多人在线射击游戏中，游戏的核心都是两支队伍之间的对垒。尽管竞赛发生在同一空间（地图）中，但由于合作和竞争的潜在力量，玩家们可能会连续几个小时沉迷其中。这些游戏中的竞技水平亦逐级升格，从与网上陌生人随机发生的交锋，到由游戏团体组织的专业比赛，再到日益流行的职业游戏赛事。在这个竞技水平上，玩家们可能每天花费很多时间与队友一起训练，为职业赛事的对战做准备。

在第一人称射击游戏中，从以个人身份加入线上的随机组队，到加入一个有组织的常规团队，通常标志着玩家对自己技能与他人关系认知的转变。随着玩家技能的提升，他们可能会被现有的战队接触，或者选择主动加入。战队由一群通过在线和局域网比赛一起训练、互相竞争的玩家组成。一些战队有非常严格的规则，并需要通过试训来筛选技术高超的玩家；一些则相对随意，准入门槛较低。当玩家刚开始加入战队时，她必须改变自己的游戏风格，以便与其他玩家有效合作。正如兰布什（Rambusch）、帕格曼（Pargman）和雅各布森（Jakobsson，2007）所指出的：

> 重点因此从单兵作战（individual）转向团队合作（team play），那些技能，如良好的沟通能力，适应战队阵容变化以及对方战略和行动的能力，变得越来越重要。玩家不再仅将自己看作独立玩家，同样也是团队成员，深知他们的每一个行动都可能影响团队中的其他成员。参加当地比赛开始将休闲爱好转变为（半）职业工作，一旦玩家赢得了他们的第一场比赛，也就会不满足于此。

正如一位玩家指出的那样："我们赢了，觉得自己还可以取得更多成就，也就开始更多地练习。"

成功的团队合作所带来的满足感，成为玩家继续在竞技水平上进行游戏的强大驱动因素。竞争对协作的依赖将二者紧密联系在一起，形成一种深度涉入的体验，影响游戏的长期参与，我称之为宏观相位下的共享涉入；同样也会影响微观相位下游戏过程中的即时涉入。

共享涉入关注的是这样一种参与度，它由对游戏环境中其他代理（无论是人类控制还是计算机控制）的自觉意识和互动所产生。这里所讨论的互动涉及共栖、合作、竞争与冲突。共享涉入因此涵盖了与环境中其他实体共存的所有相关方面，从制订协作战略到讨论公会政治，或者仅仅是意识到某些行动发生在一个与他人共享的环境之中。

第七章　叙事涉入

宏观相位：叙事与经验

在游戏研究中，关于游戏和叙事的讨论主要集中贯穿着两个相关的问题："游戏能讲故事吗？"（Juul，2001）和"游戏是否属于一种叙事？"（Aarseth，2004；Eskelinen，2004）。然而，在处理玩家涉入模型语境下的叙事涉入时，我们的方法是考虑故事在游戏中的体验方式。认为叙事对游戏体验不是特别重要是一种站不住脚的规范性假设，它已经预设了玩家体验游戏环境的方式。而将游戏体验的各个方面归因于叙事同样是徒然无益的。本章采用的方法是首先认定游戏叙事的形式，但主要关注这些形式特征如何与游戏环境中的其他因素共同塑造玩家的叙事体验。

叙事学中的一个流派，代表人物诸如西摩·查特曼（Seymour Chatman，1978）、热拉尔·热奈特（Gérard Genette，1980）和杰拉尔德·普林斯（Gerald Prince，

1982）这样的理论家，将叙述视为一种重述形式。玛丽-劳尔·瑞安（2006）将此方法描述为“叙述的言语行为方法”（5）。在这一概念中，故事总是以回溯的方式被讲述，因此读者或观众所经历的是一个发生在过去而当下已成事实的事件。瑞安还指出，这种叙事学分支要求叙事中必须有一个主体存在。这就导致了一种激进主义的叙事立场，将视觉媒介、戏剧和其他基于表演性的媒介排除在叙事体系之外。

在他的著作《叙事话语：一篇方法论论文》（*Narrative Discourse: An Essay in Method*，1980）中，热奈特明确表示他的著作仅讨论文学虚构叙事。普林斯提出了类似的论点，并且在考量叙事时公然排除了戏剧。热奈特使用了索绪尔的术语体系来阐述叙事：

> 我只是提出，而并不强调我个人对于术语选择的理由，我使用“故事”（*story*）一词来指代所指或叙述性的内容（即使在特定情况下，此内容可能缺乏戏剧张力或情节充实度），使用“叙事”（*narrative*）一词来表示能指、陈述、话语或叙事文本本身，并使用“叙述”（*narrating*）一词来表示叙事生产行为，以及由此延伸出的叙事行为发

生的全部真实或虚构的情境。（27）

文学叙事有其复杂的结构，充分证明了像热奈特这样专门研究的必要性。这样的研究对于区分故事本身及其重述结构特别有效。叙事学通常会区分按时间顺序发生的实际事件，和这些事件向读者呈现的方式（Metz，1974；Genette，1980；Chatman，1978；Prince，1982；Bal，1997）。尽管叙事学中关于叙事特征的表述存在相当大的分歧，但叙事学家们普遍认同的一点是，事件的抽象序列，也就是所称的故事（story），与这些事件呈现给读者的方式——也就是经常所称的话语（discourse），二者之间存在区别（Culler，1981）。

这种基于语言学的立场在文学理论领域并非不曾受到批评。一个核心关切是，除了构建它的话语，实际上并没有一个真正的故事存在（Culler，1981；Walsh，2007）。然而，人们应当可以理解区分这二者的理论意义，事件被呈现的顺序，以及事件被从原始的时序序列中最终呈现的方式。这样的区分预设了一个作者的存在，他构建了一个在阅读过程中最终实现的故事。作者由此为他作品的消费创造了一个预设的结构。

这种区分在游戏环境中不是特别有效。正如杰斯珀·尤尔（2001）所说，故事时间和话语时间的差异在游戏中常常可以忽略不计：

> 显而易见，所表征的事件不能是*过去的*（*past*）或*先前的*（*prior*），因为作为玩家我们可以影响它们。通过按下CTRL键，我们发射武器就会影响游戏世界。这样一来，游戏构造出的故事时间，与叙事时间和阅读/观看时间相同步：故事时间就是*现在*（*now*）。现在，不仅仅意味着观众目睹事件的此刻，也意味着事件正在此刻发生（*happening*），接下来发生什么还未确定。（para 34）

根据尤尔的观点，忽视故事时间和话语时间之间的区别，是游戏与叙事不兼容的显著迹象。他进而认为："*互动性和叙事性无法兼得*（*you cannot have interactivity and narration at the same time*）。这意味着游戏几乎从不执行诸如闪回和预叙[①]等基本叙事操作。游戏几乎总是按时间顺序延展的。"（para 35，*italics in original*）

---

① 预叙是小说叙事中常见的叙事技巧，热奈特称之为"事先讲述或提及以后时间的一切叙述活动"。——译者注

这一论点的问题在于，尤尔在游戏环境中的两个叙事维度之间切换：游戏环境内瞬时行动所生成的故事和预置的脚本化故事。例如，在《马克思·佩恩》中，闪回和预叙是脚本化游戏体验中的重要部分。在《使命召唤4：现代战争》中，游戏中有一个章节发生在其他事件的几年之前，而由玩家交互而生成的事件并非预先确定的。如果是这样，游戏就会失去其遍历性了。虽然游戏中的这两个叙事方面是相关的，但在讨论该主题时，区分我们正在谈论的是哪一方面，仍然是至关重要的。为此，我将在此区分衍生传记（alterbiography）[①]，即玩家个人在游戏中采取行动时生成的故事；以及预设叙事（scripted narrative），即写入游戏的预置脚本化事件。在瞬时参与的层面上，玩家对游戏环境中发生事件的解释，其与游戏规则、人类和AI实体以及其他对象的互动，为游戏环境赋予了叙事可供性。恰恰是交互产生（generates）了故事，而非摒弃了故事。

① alterbiography是本书作者所定义的一个术语，作者还曾经提到，该名词的另外一些同类术语包括：积极性叙事（emmative narrative）、装配性叙事（assembled narrative）等，但都不如alterbiography更为恰当。本术语指的是与虚拟化身有关的叙事，也可以翻译为"分身传记"。此处译者采用"衍生传记"这一译法，因为作者更强调与预设叙事相对应的生成性。——译者注

与马克库·埃斯凯林恩（Markku Eskelinen，2004）的论点相反，遍历性媒介确实包含重要的故事元素，但这些叙事元素的形式并未得到经典叙事学的充分探讨。埃斯凯林恩称："我们显然不能将印刷媒介叙事学、超文本理论、电影或戏剧研究直接应用于电子游戏。"（36）然而他却在同一篇文章中，根据最热衷于文学叙事学的学者所提出的观点来反驳游戏中叙事的论点，这似乎有些奇怪。他援引（我已批判过的）热奈特的论点（1980）和普林斯（1982）的论断，即叙事需要叙述者，这一点削弱了埃斯凯林恩自己的主张，即我们需要在游戏语境下重思根源于其他媒介的既有理论。

如瑞安（2006）所述，埃斯凯林恩和尤尔提出的论点，即游戏不能讲故事，只是为了表明游戏以一种与文学和电影不同的方式进行。这并非对游戏的否定。恰恰相反：游戏环境已经达到了足够的复杂性，不仅能够，而且需要对经典叙事观念进行重新定义。

体验性叙事

理论家们在对叙事与游戏持肯定态度的文章中，

经常性地讨论游戏叙事的体验性。尽管在问题表述方式上存在显著差异，但也有一些重要的交集，我们将从这里展开探讨。

西莉亚·皮尔斯（Celia Pearce，2004）对游戏、文学和电影进行了比较研究，提出了一个重要论断，她指出："不同于以故事为中心的文学和电影，在游戏中，一切都围绕着游玩过程和玩家体验展开。"（144）更准确地说，文学和电影可以说是"贯穿始终的叙事"：除了正在被重述的叙事，再无他事。而游戏环境则是形式各异的人为体验，尽管可能包含故事元素，但这些元素也为玩家的整体体验服务。

皮尔斯提出了游戏中可能存在的一组共六个叙事元素，或者她称之为"运算符"（operators），包括经验性的（experiential）、表演性的（performative）、增强性的（augmentary）、描述性的（descriptive）、元故事性的（metastory）和故事系统（story system）。其中，第一个元素是所有游戏共有的组成部分，而其他五个则以不同的组合形式出现。皮尔斯的框架认定了玩家活动构建持续性叙事方面的重要性并因此而著称，但存在过于笼统的问题，使其在实践中难以应用。皮尔斯使用这一框架来描述游戏的叙事层面，比如篮球、井字游戏和海战棋（Battleship）[①]。讨论井字游戏的叙事似乎是无趣的。如果一个叙事框架号称可以普遍用于篮球、井字游戏、海战棋、国际象棋和《模拟人生》（*The Sims*，Maxis Software，2000）等广泛活动和媒体对象，当其被应用于具有强叙事元素的游戏环境时，将很难在分析上有所贡献。

像皮尔斯一样，凯蒂·萨伦和埃里克·齐默尔曼（2003）也强调游戏中叙事元素的体验维度。他们的著作《玩乐之道：游戏设计基础》将游戏设计作为首要关注对象，并且像其他实践派游戏设计师一样，默认游戏中存在故事。通过阅读Gamasutra[②] 网站上的文章、“年度游戏开发者大会”（Games Developers Conference）上的演讲稿，以及各种游戏设计书籍，不难看出，游戏设计师的核心问题意识不在于游戏本身是否是故事，而在于如何通过游戏最好地讲述故事。在Edge网站上的一篇文章《制造〈侠盗猎车手Ⅳ〉》（The Making of Grand Theft Auto Ⅳ，2008）中，《侠盗猎车手

① 海战棋（Battleship）是一种适合两名玩家玩的策略桌面游戏，在20世纪30年代开始被一些商业公司印刷出版而流行。其后衍生出电子游戏版本和同名电影。——译者注

② 即1997年国外成立的知名游戏行业报道网站，2021年前后更名为Game Developer。——译者注

Ⅳ》的主设计师山姆·豪瑟（Sam Houser）讨论了该游戏环境的动态系统如何创造出那些瞬间，感觉就像预设的事件一样。随着存储和处理能力的增强，设计师们能够创造出更复杂的游戏世界，因此也越来越看重根据玩家的输入而动态调整叙事的能力。与萨伦和齐默尔曼一样，大多数游戏设计师的演讲和文章都聚焦于玩家的叙事体验。

萨伦和齐默尔曼（2003）区分了嵌入式叙事和涌现式叙事。这种区分有助于理解游戏叙事，尤其是因为涌现式叙事揭示了游戏的系统结构："游戏的动态结构、涌现的复杂性、参与机制、体验节奏和模式是理解游戏如何构建叙事体验的关键。要理解游戏叙事，必须分析游戏结构，看看它们如何分化为不同形式的叙事。"（381-382）

这一描述呼应了阿尔萨斯（1997）在《赛博文本：遍历文学的视野》中的讨论，强调要考虑遍历性文本的机械编码结构，而不仅仅是它们的表面符号。为了开发出一个自洽而可持续的叙事分析框架以应用于游戏环境中，萨伦和齐默尔曼所指的涌现式叙事需要扎根于生成这种叙事的游戏要素之中。这里的主要挑战在于不让这种叙事构成的体验性质过于泛化，以至于在分析上变得冗余。

尽管审视游戏如何（how）创造故事至关重要，但萨伦和齐默尔曼也像皮尔斯一样，将体验性叙事的概念过分延展至不切实际。首先，他们没有区分抽象游戏、体育竞技和虚拟游戏环境；其次，将与游戏相关的一般性思考也包括在体验性叙事的范畴之内：

> 扑克游戏的戏剧张力同样来自结果的不确定性。虚张声势增加了体验中的叙事性，放大了欺诈的可能性。当玩家进入诈唬（bluff）[①]的心理空间时，叙事紧张感逐渐增强。*她是不是真的有她说的那手牌，还是在诈唬？要是她没有诈唬呢？还能打败她吗？他刚刚下了一个大注，他一定有好牌。但他上一轮就诈唬了，他不会连续两次使用同样的伎俩。*（Salen and Zimmerman，2003，388；原文斜体）

体验性叙事对于一个健全的游戏叙事理论概念至关重要，但如果我们能够将该概念应用于与游戏系统

① "Bluff"（诈唬）是德州扑克类游戏中的一种常见策略，玩家在手牌不是很强的情况下，通过下注或加注来制造有强牌的假象，让对手误以为自己持有强牌而选择弃牌，从而赢得底池。——译者注

的任何互动或与之相关的任何思想时，正如刚才的例子所示，情况就会变得棘手。正如瑞安（2006）所展示的那样，叙事的认知视角可能普适于各种媒介，同时贴合当前所讨论的媒体对象的特质，但我们仍必须将这些体验置于孕育它的（赛博）文本的特性之中。萨伦和齐默尔曼的扑克示例将关于其他玩家和游戏状态的思考也视为一种叙事形式。重要的是要区分关于游戏系统纯粹游玩维度的思考，和那些与游戏的环境虚构性相关而带有叙事元素的体验。

在《侠盗猎车手Ⅳ》中，与自由城里的居民和环境互动所生成的故事，与扑克牌的例子具有本质性区别（至少在叙事方面）。例如，在为主角的表弟罗曼（Roman）办了一件事之后，我们让主角尼科（Nico）去街对面吃热狗。在吃东西的时候，他接到了米歇尔（Michelle）的电话，这是一个几天前与他约会不太来电的女孩。然而，米歇尔似乎对尼科仍然有好感，她邀请他晚上见面。考虑到尼科最近的生活相当紧绷，我们决定让他放松一下，和米歇尔约会。鉴于米歇尔曾吐槽尼科衣品不好，我们带他去了一家服装店挑选了一套新装。然后，我们操纵他到一条荒僻的小巷找一辆合适的交通工具赴约。当我们转过一个街角时，撞到了一名脾气暴躁的男子，他对尼科进行辱骂。尼科可是个暴脾气（或者手痒），我们本能地向冒犯他的人抡起拳头，却没注意到正在该区域巡逻的警车。随即警笛声大作，我们让尼科沿着狭窄的小巷奔逃……

在玩《侠盗猎车手Ⅳ》的过程中，这种叙事方式不仅通过游戏的表现性元素和底层代码在我们的脑海中形成，还基于我们的主观诠释。游戏系统中没有任何信息告诉我们尼科感到困倦，但在前一个任务失败了几次后会感到沮丧，并且因为是夜晚，刚刚在一个陌生国家里经历了混沌的一周，在此情况下，我们会认为尼科饥肠辘辘且筋疲力尽。同理，决定揍那个路人是我们自己性格的一种表现，以及对尼科角色的理解，再加上“好奇会发生什么”这种游戏过程中常见的动机。然而，我们持续发生的叙事活动不仅形成于对所生成事件的一种自由联想，还植根于游戏环境对我们具体行为的反应，以及游戏系统能够承载和鼓励哪些行为。我们对尼科面对侮辱的反应及其随后的暴力行为的诠释，来源于想象力与游戏内的组成元素互动的混合结果。在游戏环境中，行动在代码和结果呈现的层面上显现。而萨伦和齐默尔曼的例子隐含着这样一些思想，它们尽管与游戏系统相关，但在游戏环境中并不以叙事方式呈现，因为这里没有游戏环境能够支撑叙事的持续生成。在扑克游戏中，游戏中并不包含一个可供角色置身的环境。玩家与一叠扑克牌交互，它们是象征和图形符号的混合，以及一个生成游戏的规则系统。这种游戏系统及其表现水平不支持我在这里所说的衍生传记的生成。

亨利·詹金斯（Henry Jenkins，2004）在他的论文《作为叙事建构的游戏设计》（Game Design as Narrative Architecture）中也强调了游戏环境的体验性质。他认为，在考察游戏如何创造叙事时，不应依赖其时间结构，而应依赖其空间结构。他概述了四种空间叙事形式："环境叙事以至少四种方式为沉浸式叙事体验创造了前提条件：空间叙事可以唤起先前的叙事联想；它们可以提供一个展示故事事件发生的舞台；它们可以将叙事信息嵌入其场景中；或者为涌现式叙事提供资源。"（Jenkins，2004，123）

詹金斯提到的叙事类型并非互斥的。例如，唤起式（evocative）叙事带有借鉴其他媒介文本的互文性，通过转喻过程来表达叙事含义。在《指环王Online》中，无须告知玩家精灵和霍比特人是什么，或者弗罗多（Frodo）是谁。托尔金的作品及其电影化作品已经建构出了关于那个世界广为人知的历史，并被各种角色进一步充实。唤起式叙事主要通过嵌入式（embedded）叙事来传达互文性，即嵌入在游戏空间中的故事元素。嵌入式叙事并不直接传达给玩家，而是依赖于他们的参与。然而，詹金斯的表述并没有区分那些玩家脑中构建出的嵌入式叙事元素，与那些在游戏中通过离散叙事片段所传达的元素，例如通过过场动画呈现出的背景故事或正在发生的事件。

詹金斯对游戏叙事体验维度的研究路径与游戏环境的特定性质相关。与皮尔斯或萨伦和齐默尔曼不同，他将叙事的体验维度与游戏的空间、游戏性和表现结构联系起来。詹金斯关注游戏叙事中的空间性。虽然这绝不能视为他论文的缺陷，但对游戏叙事的全面探讨需要涉及空间以外的更多维度。接下来，我将讨论两个概念，它们以某款游戏的特性作为叙事体验的基础，并将玩家的主体性置于叙事性的核心。

宏观相位：衍生传记和预设叙事

尽管本章的主要焦点是叙事的体验性层面，但我们必须同时考虑那些被游戏设计师打包进游戏中的叙事，即预设叙事（scripted narrative）。叙事的体验性层面，即衍生传记，常常受到预设叙事属性的影响。因此，我们将简要讨论预设叙事，然后描述衍生传记的概念，最后考虑这两者如何在玩家涉入模型的语境中结合。

预设叙事

在大多数游戏环境中，设计师们会希望向玩家传达一个故事。可能会从对游戏世界的一个非常简要的介绍开始，同时指明游戏系统中预设了更高阶的目标，也可能是更复杂的叙事情境之下涉及的众多角色、情节的跌宕起伏。在许多情况下，玩家可以选择完整体验全部预设叙事，或者专注于那些能够推动游戏发展的目标导向型任务。

在大型多人在线游戏中，玩家涉入的任务通常贯穿于两个方面：任务的游戏性目标和关于任务的预设剧情。可能有一些玩家浏览任务文本只为了解完成任务所需的内容，也有一些玩家专注于故事方面。无论玩家是否对预设剧情感兴趣，他们都会至少在最基础的层面上与之交互。这是因为故事驱动的游戏会与剧情的推进同向并进（在游戏目标/奖励和空间探索的层面上）。设计师们越来越谨慎，确保玩家无须完整参与剧情即可体验和通关游戏，而这在早期的冒险游戏中常常是强制的。例如，在《猴岛小英雄》（*The Secret of Monkey Island*，卢卡斯影业游戏，1990）中，如果玩家遗漏了一段信息，可能会导致游戏步履维艰或者难以为继。

除了通过预设故事情节中的结构化进程，预设叙事还通过其他渠道传达给玩家，包括过场动画[①]、快速反应事件[②]、世界中的对象、对话以及直接的文本流。

预设叙事的渐进结构

游戏系统指派的高阶游戏目标通常与预设叙事中的关键点联系在一起。有时，叙事目标推动游戏目

① 过场动画是一些玩家几乎没有控制权的动画序列。它们被用于向玩家传递编写好的叙事片段以推进故事发生。它们还常常作为完成游戏中的任务或关卡的奖励。

② 快速反应事件类似于过场动画，它向玩家传递部分叙事脚本，但其中包含游戏元素。通常的形式是，当屏幕上出现指示时按下正确的按钮或手柄动作。

标，有时则反之：游戏目标本身被赋予叙事元素。无论哪一方主导另一方，可以肯定的是，在大多数以故事驱动的游戏环境中，完成一个游戏目标要么推进了剧情线，要么将玩家链接至另一个任务序列之上，要么游戏就此结束。

在一些游戏环境中，只有一条主要的预设叙事线索可供展开，即使玩家的衍生传记在不同游戏过程中各异。而在有的游戏中，主线剧情会在各种预定的关键点衍生出支线。还有一些游戏则为玩家提供了多种选择，可以参与主线故事线，自由游历游戏世界，或者参与解构相近的分支剧情线，通常以支线任务的形式。这些支线任务有时会与主线剧情相关联，有时则独立存在。也有一些情况下，游戏世界中没有主线剧情，但可能存在一些串联的支线任务，或独立存在，或互相关联。以下是三个不同渐进结构的简要示例。

《光环 3》这款游戏采用了线性的预设叙事，它的推进与游戏目标直接对应。每当玩家达到特定的检查点时，就在游戏中更进了一步，并且在进程中的某些关键点，游戏的预设叙事也会随之推进，通常通过剧情动画或与某个游戏角色进行交流来实现。每个关卡内的空间允许玩家探索，并以多种方式达成目标，但总体的叙事演进是严格线性的。

《辐射 3》（*Fallout 3*，贝塞斯达软件工作室，2008）的预设叙事结构包含一个带有分支的主线任务和一系列支线任务。《辐射 3》发生在一个玩家可以漫游的开放环境中。因此，玩家所遇到的支线任务在很大程度上取决于他们的探索。由于有一个开放世界可供玩家探索，玩家的游玩体验将比《光环 3》这类线性推进叙事更加多变，因为玩家所串联起的事件序列有更丰富的可变性。

《魔兽世界》没有主线剧情，而是依托大量支线任务和为其定制的丰富背景故事。这些支线任务可能是独立进行的，也可能是依序发生的，在这种情况下，玩家必须完成一个给定的支线任务后才能继续下一个。玩家可以参与的活动种类繁多，加之其他玩家控制的角色和社交网络的存在，以及游戏世界细节的丰富性，使得《魔兽世界》的衍生传记有可能更加复杂，无论玩家是积极参与还是在旅途中逐渐捕获线索。

推拉式叙事

肯·莱文（Ken Levine）在 2008 年游戏开发者大

会的演讲中，概述了两种预设叙事形式的区别：推动叙事（push narrative）和拉动叙事（pull narrative）。推动叙事的典型例子是剧情动画，玩家在观看时就像是被动的观众，类似于观看电影时的情形。游戏设计师希望传达的信息以字面含义被直接推送（pushed）给玩家。而在拉动叙事中，设计师将叙事元素嵌入游戏世界，比如《生化奇兵》（*Bioshock*，2K Games，2008）中的录音机，依靠玩家自行获取叙事内容。莱文指出，玩家可能因此很容易错过叙事细节，但这是可以接受的，因为那些真正对游戏故事感兴趣的玩家会投入必要的探索来发现它。

如莱文所述，剧情动画是一种典型的推动叙事形式：无论玩家是否愿意，故事元素都被强加给他们。行动会暂时停止，用动画序列来传递故事情节的一个片段。在《半条命》（*Half-Life*，维尔福软件公司，2004）等游戏中，玩家可以在过场动画时四处移动或看向不同方向，但仍然被限制在过场动画所发生的空间内。过场动画是推动剧情前进，并确保游戏设计师希望传递的故事能够保持完整性的理想工具。如克莱维尔（Klevjer，2002）所阐明的那样，当过场动画制作精良，且插入不甚频繁时，对玩家来说可能感觉像是完成特定任务后的某种奖励。尤其当过场动画被设置在完成具有挑战性的任务之后，这种效果特别明显，玩家可以从激战中休息一下，从而有益于游戏的节奏。当代游戏中有效利用过场动画的例子就是《侠盗猎车手Ⅳ》。其中的大部分剧情都通过过场动画来讲述。

莱文的拉动叙事与詹金斯（2004）关于嵌入式叙事的概念密切相关。两者主张在遍历性媒介中利用环境来表达叙事。拉动叙事的一种形式依附于玩家可以选择性拾取的物品上，如果被激活，这些物品通过文本、音频，有时是短视频来传递一个剧情片段。这些物品将是否与相关内容进行互动的选择权留给玩家。莱文说，对于那些选择探索的玩家而言，这会使与脚本剧情的互动参与更加强效。《生化奇兵》中的失落之城（city of Rapture）里散落着各种录音带，里面包含着与当前场景相关的录音片段。《上古卷轴Ⅴ：湮灭》也采用了类似的策略，通过一系列可以在不同地点找到、买到甚至偷到的书籍，来传递关于游戏世界的历史、地理和重要角色的信息。

莱文（2008）的“拉动叙事”概念有见地地将叙事脚本元素与玩家的认知实践结合成一个连贯的整

体。正如他的概念所揭示的那样，让玩家构建自己的叙事理念，这正在游戏设计界日益流行。衍生传记同样承认了体验维度在分析游戏叙事方面的重要性。

衍生传记

衍生传记是玩家在与游戏环境互动过程中生成的发展性叙事。它不仅仅是游戏的形式化产物，也不仅仅是玩家想象力自由驰骋的产物。我们的挑战是阐释这种叙事生成形式，而不把它的范围泛化至一般性的游戏体验中。衍生传记是一个循环演进的过程，它由游戏的表现性、机械性和媒介特性所承载，并被玩家的心智所驱动。

迄今为止，我们已经明确了需要区分二者，即预设叙事——游戏设计师明确编写到游戏中的叙事内容与结构，以及衍生传记——在游戏过程中生成的叙事内容。关于后者，体验维度的一些方面已被一些游戏理论家讨论过，他们试图对游戏中的叙事给予积极的阐述（Pearce，2004；Jenkins，2004；Salen and Zimmerman，2003）。这些方法做出了重要贡献，但往往将游戏过程所生成的叙事与一般性的游戏体验混为一谈。

与所有叙事一样，衍生传记聚焦于一个人物或一组人物。视角转换（focalization）这个概念是由热拉尔·热奈特（1980）在他的《叙事话语：一篇方法论论文》一书中提出的。热奈特将视角转换描述为“视野限制”（74），即关于虚构世界的信息是经过讲述人的视角过滤的。尽管游戏通常不包括讲述人，但它们会根据玩家控制的实体种类和控制形式来限制玩家对游戏世界的视角。因此，衍生传记可以聚焦于我们，也就是玩家，在游戏世界中聚焦于一个我们控制的实体，或一组实体。一个衍生传记的主题可以是任何事物，从一支被困在未知岛屿上的海军部队，到一个少年在一所新高中的经历。在角色扮演游戏中，玩家可能会对所涉及的角色有外部或内部的人格投射。换句话说，衍生传记的生成可以将角色视为由玩家控制的独立实体，也可以被看作玩家在世界中的存在。

游戏环境中不同类型的焦点可以在微缩模型、实体和自体中看到。微缩模型的衍生传记描述了游戏环境中的情况，在这里玩家可以同时控制多个实体，例如在即时战略游戏（RTS）如《帝国时代》或《模拟人生》中，或者控制一个不被独立模拟或呈现的集合体，例如《模拟城市》(*SimCity*，Maxis Software，1989)或《中世纪2：全面战争》中的战役模式。某些游戏，如《中世纪2：全面战争》，则在多个层面上运作：玩家可以发布命令来管理他们的城市、税收或外交，进行军事演习。但他们也控制着各个单位，组成军队进行战斗。如果玩家愿意，他们还可以以将军的视角参与战斗，从而转变为实体的衍生传记。

一个实体衍生传记(alterbiography of an entity)描述了与一个玩家控制的单一实体相关的故事。它与自我"衍生传记"的区别主要在于玩家的倾向，尽管像《马克思·佩恩》或《幻象杀手》(*Fahrenheit*，Quantic Dream，2005)这样的第三人称游戏更常引发这种形式的"衍生传记"。

自我衍生传记(alterbiography of an self)最常见于诸如《辐射3》或《骑马与砍杀》(*Mount and Blade*，Tale Worlds，2008)这样的第一人称游戏中，玩家将游戏中发生的事件解读为自己的亲身经历，而不是发生在外部角色身上。

在所有这些模式，尤其是最后两种中，衍生传记的视角转换始终取决于玩家的倾向性。玩家可能掌管整个足球队，但其衍生传记却集中于她作为球队经理的角色。同样地，在《中世纪2：全面战争》中，玩家的自传可能聚焦于整个神圣罗马帝国（微缩模型模式），或者是作为神圣罗马帝国的统治者（自我模式），或者在游戏的不同阶段在不同角色之间切换（实体模式）。

合 成

无论我们喜欢与否，在《上古卷轴Ⅳ：湮灭》的世界中，我们在塞伦德尔（Cyrodill）的冒险总是以一成不变的方式开始：身处一间监狱的牢房之中，却不知道到底做了什么导致我们身陷囹圄。事后发现，我们身处的牢房原本应该保持空置，因为它藏有一条密道通向城堡外面，以作为贵族需要时的逃生通道。在这种设定之下，乌瑞尔塞普提姆国王（King Uriel Septim）在被刺杀未遂后从城堡逃离。国王说在梦中见过我们，并决定信任我们，让我们加入他，和他的侍卫团一起穿过地牢逃生。当刺客袭击侍卫团时，局面突然激化。国王被杀，但临死前将一枚吊坠交给我们，让我们归还给他的一个密友。最终，我们从地牢中逃遁，进入塞伦德尔，游戏正式开始。

《上古卷轴Ⅳ：湮灭》包含一条叙事主线，玩家可以选择与之互动或忽视。这条预设主线包含一系列任务，玩家必须完成这些任务才能推动预设故事情节的发展。但《上古卷轴Ⅳ：湮灭》包含远不止一条预设故事线供玩家探索。游戏中还有其他较短的故事线，有时会触发更多任务。然而，这些形式的预设叙事并非游戏的唯一组成部分：《上古卷轴Ⅳ：湮灭》中的世界是一个开放环境，在这里玩家可以创建角色，自由地漫游被渲染得非常壮丽的景观，遇见其他（由电脑控制的）角色，并且至少在游戏的限制内，通常可以按照自己的意愿来行动。

游戏世界居住着各种奇幻生物和居民，他们工作、闲聊并与玩家互动。房屋里摆满了日常物品，可以被拾起、塞进背包出售、丢弃，甚至堆成有趣的图案。开放的游戏场景提供了丰富的互动对象和实体，这是像《上古卷轴Ⅳ：湮灭》这样游戏的重要吸引点。许多地点还注入了嵌入式叙事元素（Jenkins，2004），丰富了游戏世界。换句话说，游戏环境被设计得富有故事生成力。

衍生传记是一种对持续性故事的主动建构，通过与游戏世界的地形、居民、物体、游戏规则和模拟环境属性进行互动。并非所有的符号和代码的组合，对每位玩家来说都构成相同的故事创作源泉。因此，衍生传记的形成取决于个体取向。一个玩家可能会认为游戏环境提供了趣味盎然的叙事，其他玩家则可能不认同：

> 对我来说，大型多人在线游戏中最引起我兴趣的是那些被创建出的庞大世界，其中有多条平行、并行且经常会交叉的故事线。这些世界允许我自己塑造角色，体验超越现实世界的经历，编织属于自己的故事。（Rheric，《魔兽世界》）
>
> 你所做的一切都不会影响预设故事线的结局，不是吗？你只能在这个框架内编写自己的故事。我认为如果能够真正影响剧情框架并改变故事走向会更好。（Inauro，《魔兽世界》）

有些玩家可能对与故事元素互动根本不感兴趣。衍生传记的组合力量与沃尔夫冈·伊瑟（Wolfgang Iser，1991）提出的阅读现象学有关，他以类似的方式描述了印刷页的文本特性与读者内在综合（syntheses）的结合：

> 然而，文本本身既不是期望也不是记忆——读者必须将他离散流动的观点整合起来。这将导致综合的形成，通过它可以识别符号之间的联系并表示它们的等价关系。但这些综合不同寻常。它们既不表现在印刷文本中，也不仅仅经由读者的想象力而产生，其投射具有双重属性：它们起源于读者，但也受到投射至他的信号的引导。在投射过程中，很难判断信号在哪里结束，读者的想象从哪里开始。（135）

衍生传记的概念融合了伊瑟描述的文学叙事现象学和第一章所讨论的游戏环境中的元素矩阵。叙事倾向的强度始终取决于玩家的倾向，但显然，一个游戏环境如果拥有更具吸引力的叙事道具（narrative props），借用肯德尔·沃尔顿（Kendall Walton，1990）的术语，更有可能产生有趣的衍生传记。此处所提倡的体验叙事观是一个由媒介文本的属性所生成的心理建构（Ryan，2006）。这种心理建构有可能从角色属性的数值，或游戏统计（stats）中得到，也可以从视觉和听觉表达中得到。伊瑟所描述的综合的概念是生成衍生传记的首要基本单位，可以看作各种综合的任意组合。

综合的概念并不用来表示某种特定的形式特征或言语行为标记，以识别（或对立）虚构与现实之间的关系。我们此处意在创建一个语汇，以便从各个维度上讨论游戏所生成的叙事。综合代表了设计师与玩家、作者与读者之间共同努力的结晶，在玩家或读者的心中显现。这种现象不仅存在于游戏中，也存在于任何表现性媒介中：

> 当一部作品被创生时，创作行为仅是一种不完整的、抽象的冲动；如果作者全然独立于世，他可以随心所欲地写作，但他的作品永远不会有昭示于世的一天，他将不得不封笔，或者陷入绝望。然而，写作过程中包含了对立统一的阅读过程，这两种相互依存的行为需要两类以不同方式活动的人。作者和读者的共同努力创造了那个具象和幻想的对象，那是心智的杰作。艺术只为他人存在，亦只因他人存在。（Sartre，1967，27）

正如萨特和伊瑟所认为的，就文学而言，由一个任意符号与其所激发的心象构成综合的过程，对于阅读过程的发生至关重要。在游戏环境中，我们与任意性、象征性的符号（例如文本、图像和声音）以及游戏规则进行交互，与此同时，如果我们能够将这些规则进行意义化诠释，则会助推综合的发生。这一过程在桌面角色扮演游戏中尤其得以清晰阐释[①]。

在某个角色扮演游戏系统中，使用 1 到 21 之间的数值来表达角色属性，一个外貌值为 4 的角色会被认为视觉相当不友好。尽管这些数字所生成的心象会因玩家而异，但他们的想象会基于这些数值，以及为数值赋予意义的规则系统。如果我们知道上述角色的智力值为 18，我们的心象则会在一定程度上重新配置，将这一因素纳入考量。当控制这个角色的玩家声明这个角色正走出她刚才一直在喝酒的酒馆时，玩家随之根据这一声明和对角色形象的印象产生了一系列图像。如果一群RPG 玩家使用微缩模型和六边形图板

① 桌面角色扮演游戏在我们的分析中尤其有用，它们的机制对于玩家和游戏主持人来说都是透明的，因为这些机制通过数值表达，通过对规则系统的认知诠释而赋予意义。数字游戏将这些机制隐藏在代码层中，只有那些能分析和释读代码的人才能够访问，而遗憾的是，大多数游戏研究者并不包括在内。

上的标记来表示队伍中的个体及环境，合成的过程将会进一步经由微缩模型、地形和游戏板上使用的其他标记的表现特性而被修正。这是一个关于衍生传记如何生成的范例，一系列因果相关的综合被串联起来，还包括对游戏规则、表现形式和心理意象的交互和诠释。这里呈现的例子在叙事复杂性方面固然微不足道，但它们显示出，即使是最基本的游戏操作也会生成贡献于整体叙事体验的叙事片段。

桌面角色扮演游戏对于说明规则如何有助于生成衍生传记是一个有效的例证，因为它们使用的物化道具图形表现力较差。然而，无论游戏环境的表现力多么令人震撼，体验和叙事要素也只会在玩家进行了相当多的综合之后才会汇聚在一起。大部分时间，至少直到综合出的图像变得容易确定之前，玩家都根本意识不到在这一过程中正在进行的内部运算，就像通常的感知过程一样。只有当生成的表征模糊不清时，我们为综合所进行的加工才会显现出来。（Sartre，1995）。

正如上述角色扮演游戏的例子所示，与游戏规则系统的互动使衍生传记成为可能。在虚拟游戏环境中亦然，通常用数值来表达角色的属性。这些数值在游戏过程中通过各种方式显现。一个健壮的角色携带更多物品才会达到疲劳状态；一个魅力四射的角色可能会触发更多对话选项。但还有其他基于规则的想象并不一定通过系统显现。比方说，通过化身呈现的角色的视觉表现很少表达出数值变化。在《上古卷轴Ⅳ：湮灭》中，我的角色可能有一个圆滚滚的身体，当它的力量、耐力、速度和敏捷度提高时，它的身形仍然保持不变。视觉表现并不随着角色特征的改变而改变。尽管如此，我仍能够想象我的角色的身体随着时间的推移会变异、进化。如果玩家在意的话，角色的统计数值会与化身的图形表现深度结合，在玩家心中形成一个复合形象。这并非在所有情况下都必然发生，但当与规则互动而生成叙事时，这种持续衍生的叙事就是规则、表现和想象的复合产物。

游戏系统机制的显性方面如何产生衍生传记，并不仅限于计算机角色扮演游戏（CRPGs），而是在大多数游戏中都在某种程度上发生。让我们考虑一个完全不同的类型：体育游戏。《FIFA 2008》的经理模式中有一些报纸简报，反映了球队的发展史和经理的职业生涯。在某些特定的比赛之后，将会出现一些玩家必须有所回应的简单场景，其中经理的故事仅仅被提及而并未以模拟的形式展现。这些情节可能涉及球员对更衣室音乐的争执，媒体要求经理出席等。玩家对这些情况的反应会影响球迷支持度、球队士气、财务状况，或者董事会对经理的看法。尽管这些情节仅以文字形式呈现或模拟，但它们刺激了玩家的想象，并且为玩家作为经理的职业生涯所对应的衍生传记增添了内容。这也会发生在游戏系统对玩家不透明时（这种情况很少发生），对某些结果的解释，比如团队成员的表现没有达到他的数值技能水平，可能会被归因于游戏内的对象，而不是玩家操作的无能。例如，如果罗纳尔迪尼奥（Ronaldinho）在三场比赛中表现糟糕，从游戏世界的一致性角度来看，将糟糕表现归咎于他本人而不是控制他的玩家更合理，因为在游戏世界中，玩家的角色是经理，而不是场外操纵者。

有时游戏中有些图形或音频表现对游戏实际并无影响。在《上古卷轴Ⅳ：湮灭》中关于某一游戏角色种族的选择，会修改她的初始属性和外貌，但游戏中的其他角色不会仅因种族而对她区别对待。尽管如此，如果我们的角色是红卫人（Redguard），可能会把与一个布莱顿人（Breton）的负面交互解读为种族偏见，并且带着愤怒还击。我们之所以会这样反应，可能是因为我们倾向于把自己的想象代入衍生传记中，或者是因为我们对游戏系统了解有限而认为这个种族问题是游戏内置的，但实际上并非如此。无论如何，我们的衍生传记也可能会被一些并非模拟内置的表现因素形塑。

衍生传记发生于叙事涉入的微观尺度。与其他参与维度一样，叙事涉入和衍生传记可以被有意识地关注，占据玩家的显性注意力。玩家专注于此，以在游戏中做出与已经积累的衍生传记相暗合的决策，或者有意识地塑造游戏世界中角色的未来。

衍生传记的生成也可以是在无意识状态下的逐渐积累。在这种情形下，衍生传记的存在直到以上述某种方式被人质疑时才会显露。微观阶段的叙事涉入高度依赖于衍生传记的形成和诠释，因为它会成为玩家用以解释他们在世界中的行动和其他事件的重要叠加层。

预设叙事与衍生传记之间的关系

一个有趣的预设叙事本身就足以吸引玩家涉入游戏。这种吸引力可以从一个特殊设定和游戏类型的普遍吸引力，到玩家对参与一个引人入胜的故事的特别预期。如果微观尺度上生成的衍生传记与预设叙事很好地融合，玩家就会倾向于特别关注游戏世界中的事件和居民，希望重返游戏以了解更多，看看剧情走向会把他带往何处。一个引人入胜的预设叙事会让玩家持续好奇接下来可能会发生什么，不仅在他们玩游戏时，在不玩游戏的间歇也会如此。尽管数字游戏中可能也会出现上述情形，但文学和电影往往更容易发生这种效应。然而，游戏的特别强大之处在于，会令玩家好奇的不仅是接下来会发生什么，还包括他们做出某些选择后结果会如何。

在微观层面上，当玩家将注意力投入游戏世界的事件之中，这些事件在他们进入这个世界之前就已经发生，与他们所控制的实体或微缩模型无关，预设叙事是立时可见的。这种说法强调过去已然发生之事，是因为所有与当下有关的预设叙事元素都被吸收到了衍生传记中。对于玩家而言，正在（now）发生的事情成为他或她自己故事的一部分。因此，衍生传记将与其所关注的实体或微缩模型相关的预设叙事元素整合在一起。

虽然可以对预设叙事和衍生传记进行区分，但它们并不是互斥的两个类别。衍生传记包括了玩家所关注的预设叙事元素。预设叙事也因此在交互中塑造玩家对于衍生传记的创制。当玩家将世界中的预设事件吸纳进他们的衍生传记中时，二者紧密交织在一起。例如，在《生化奇兵》中，一系列元素都预示了玩家与斯坦曼博士的最终相遇，在前往博士诊所的路上收集到的录音，其中有斯坦曼自己录制的，也有一些是关于他的，以及海报、肖像和其他元素所获得的关于这个变态整形医生的各种线索。玩家因此对斯坦曼博士的美学理想有了深刻的理解①，并意识到他已沦为癫狂。玩家可以选择性忽视这些有关斯坦曼的线索，但如果他们与之互动，那么与医生的初次邂逅就会被赋予特定的背景。当玩家最终走进斯坦曼的手术室，发现他正在对他死去的助手进行手术时，预设叙事就会成为玩家衍生传记的一部分。如果玩家对预设叙事足够重视，将其吸收到他的衍生传记中，叙事涉入度将会由此深化。

① 斯坦曼博士是《生化奇兵》所塑造的一个经典恐怖角色。此人原本是技术高超的外科医生，后来从事整形手术。但因为他有一些近乎疯狂的想法，导致行为怪诞。例如，他认为人类几乎每个器官都有两份，为什么不切掉其中的一份呢？他将人体的面部恐怖化，通过医疗设备展示出来。这个医生角色的设定，为这部本就恐怖的游戏增添了几分诡异。——译者注

叙事涉入因此涉及玩家与游戏中预设的故事元素，以及在玩家与游戏互动中产生的故事元素。在本章中，我引入了预设叙事（scripted narrative）和衍生传记（alterbiography）这两个术语，以区分预设的故事元素和由玩家在游戏环境中的即时互动所生成的故事。

第八章　情感涉入

宏观相位：逃避主义与情感

数字游戏如此强烈令人着迷的一个原因在于它们具有影响玩家情感的潜力。尽管其他媒介也能实现这一点，但数字游戏的一个重要区别在于它们将玩家置于一个人类心智与机器共同构筑的控制回路中。玩家的主动输入会创造比非遍历性媒介更强烈的情感体验，无论是感到满足还是沮丧。游戏与玩家之间形成的认知、情感和动作反馈回路，使得数字游戏成为一种能够强作用于玩家情绪和情感状态的媒介（Bryant and Davies，2006；Grodal，2000）。

对于那些缺乏激情的人来说，游戏提供了即时的情绪激发源。相反，对于那些奔忙于工作或生活中的人来说，游戏引人入胜的特性使它们成为一种非常适合的表现性空间，让玩家将注意力转移其中以满足各种需求：通过强烈的动作来宣泄挫败感，沉浸在策略游戏的认知挑战中，或者在美不胜收的景观中闲庭信步。正如下文所讨论的那样，当与不那么吸引人的日常环境形成鲜明对比时，经过精心渲染的环境尤为引人入胜。

在媒介心理学领域，兴奋性稳态（excitatory homeostasis）指的是"选择通过娱乐方式以达到最佳唤醒水平的个体倾向"（Bryant and Davies，2006，183）。也就是说，处于低唤醒状态的人倾向于选择刺激性强的媒体内容，而高唤醒状态的人倾向于选择更为平和的媒体内容。游戏提供了多种通过互动影响情绪的手段，并允许玩家调整游戏设定来引发所需的情感变化。尽管大型多人在线游戏在玩家自定义关卡难度和其他游戏设置方面比较受限，但它们通过提供多样的活动来满足不同的情感需求弥补了这一点。

游戏设计像其他形式的文本生产一样，充满情感修辞策略。但与非遍历性媒介不同，在游戏中，通过文本诠释和游戏实践的结合，这种修辞的力量得到加强。游戏交互内在的递归输入/输出过程能够提供强烈的情感体验。设计者们旨在利用这些情感特质，提供一种整合体验，既符合游戏消费者的期望，又能激发游戏所希望唤起的各种情绪。

游戏引人入胜和具有情绪感召力的特质常常被与逃避主义类的概念相联系。将一项活动标签化为逃避现实（escapist），往往多少带有蔑视，而且通常还有更为严重的污名化。一些沉浸式活动被视为日常生活的愉悦调剂，一些环境或世界具有托尔金（Tolkien，1983）所谓的“现实的内在一致性”，在讨论两种吸引力之间的差异之前，我们必须首先看看逃避主义（escapism）这一术语的看法和价值。

逃避主义这一概念意味着从一个环境或一种情绪状态转移至另一个被认为更有利的同类物。离开糟糕的社区以避免危险的威胁，从一个饱受战争蹂躏的国家迁徙到一个更加安定的国家，或者从持械歹徒的控制下逃生以保全生命，都是逃避不良或高危环境的例子。这里的关键是试图永久性地远离，朝向一个更理想的状态。

逃避主义（escapism）同样假定了去往更理想的地方或情境的转移，但与逃避（escape）一词的单向性不同，逃避主义（escapism）还暗示着最终会重返原点。逃避主义者扎根在一个必须回归的地点或社会背景中。与之相对，逃亡者的目标则是永久或至少是长期的处境改变。二者的共同之处在于追求更好的存在状态。对于逃亡者来说，积极的改变来自全局性的转向，而逃避主义者寄希望于在回归时原始情况能够改善，或至少暂时减轻当前的负担。这种改变并不必然是积极的，或者甚至不会发生，但一切向好的期望总是存在的。

逃避主义也能有效打破僵滞，因此它常常被视为对抗无聊的良方。游戏在这种情境下尤其有用，因为它们提供了多样化的体验，不仅能纾解无聊，还有可能在情感上触动玩家。这些情感并非总是积极向上的：例如，在线游戏中，由于与队友缺乏合作或者在对战中负于对手而产生的挫折感，是一种常见的经历。这种情感涉入往往会促使玩家投入游戏的其他方面，比如提升他们的技能（动觉涉入），重新思考整体策略（游玩涉入），或者更密切地协作（共享涉入）。重要的是，游戏所激发的积极和消极情感或许总归胜过无聊。事实上，在某些情况下，消极情绪能够加强其他涉入维度。

逃避主义与人类独有的想象力密切相关。精神意象让我们能够在意识中存贮过去的经历和未来的行动，同时也保持对当下的意识。想象力同样还能激发情绪和激情，在我们的生活中发挥着重要的驱动效用。想象力使我们有可能暂时在精神上从当下抽离出来，这是逃避主义的一个特征性元素。事实上，许多形式的逃避都是在利用我们的想象力。地理学家兼哲学家段义孚（1998）将逃避与想象力联系起来，并认为二者都是文化和人文主义的定义要素：

> 文化与人类不愿直面事实、通过这样那样的方式逃离的倾向密切关联，比我们所惯常以为的还要紧密。事实上，我想为已有的关于人的诸多定义再增添一条：人类是一种天生就不愿接受现实如其本来面目的动物。人类不仅像所有动物一样顺应和适应环境；他们还会按照预先设定的计划改造自然。换句话说，在改造之前，他们会做一些非比寻常的事情，即好像“看见”了并不存在的事物。看见并不存在的事物是所有人类文化的基础。（5-6）

正如段义孚所言，真实的一种形式就是让人感受到自我，无论是作为一种自然现象还是社会创制。真实令人熟悉而感到欣慰，正如段义孚（1998）所称的“本地模式或秩序”（7）。这种实在的形式具有可辨识性，使人感到安心，因为它减少了偶然性。段义乎提出了一个重要论断，天然的和人造之物都从属于真实的范畴。因此，真实的一个决定性要素在于其可解释性："人们逃向的是一种文化——不是已经成为日常生活的文化，也不是黏稠而费解的环境以及应对方式，这种文化展现出一种澄澈，通常来源于简化的过程。"（Tuan，1998，23）

段义乎的论点遵循后现代主义，将现实始终框定于语境和诠释的体系中。如果现实是相对主义的，人们有理由认为一种以逃避现实为定义的现象也同样依赖于语境。一旦真实的普遍性受到动摇，逃避真实的普遍性也随之受到动摇。如果逃避主义是相对于语境的，将任何特定类型的活动或作品贴上逃避主义者的标签，就将毫无意义。一种活动只在特定个体的特定语境之下才能被视为逃避主义。可能有一个面包师站在清晨的厨房里，想象自己是一名摇滚明星，对着面团"麦克风"引吭高歌；而在城市的另一个角落，一位音乐家在演出后筋疲力尽，可能会忘记身旁蜂拥而上的粉丝，而憧憬早起做面包的简单的快乐。在特定语境下，两者都可以被视为逃避主义的某种形式，但也都并非天然如此。

一些被描述为逃避的活动具有一种特质，即发生在良好审美的环境内。当代游戏环境影响玩家情绪的一个重要方式是通过它们的表现性，这种特性创造出一种可栖居空间的感觉，极具吸引力，使人乐于探索。游戏世界的这种吸引力经常被我的访谈人在各种语境中提及，Oriel 尤其做了很好的刻画：

> 当我独处时……我会感到放松，把声音打开。我喜欢假想我其实就在那里……比如在米奈希尔港等待船出现时的日落时光。夜晚飞越加基森上空的海洋，仰望星空。在凛冬之泉听脚下嘎吱作响的雪声。穿过夜色森林时听蟋蟀唧唧争鸣……噢，还有阿兹拉黄如金、红似火的落叶；那里的一切是如此宁和。我甚至想住在那儿。（Oriel,《魔兽世界》）

Oriel 想象自己身处虚拟世界中的冲动，既是游戏世界艺术之美的产物，也源于Oriel 沉浸于艾泽拉斯是一个可栖居之地的想象。托尔金（Tolkien，1983）曾提到这种适居性，并将其视为他所称之为“次生世界”的文本创作的固有特征：

> 有人称那种心境为“心甘情愿悬置怀疑”，但这在我看来并不是对所发生情形恰如其分的描述……他（作者）创造了一个次生世界，你的思想可以进入其中。在这里，他所叙述的一切都是“真实”的：它遵循那个世界的法则。你信故你在；而一旦你产生怀疑，魔法就被打破了；魔法，或者说艺术，失灵了。那时你又回到了原生世界，从外部检视那个流产的次生世界。（132）

有人对这种创造和它们的创造者加以批判，托尔金回应称，创造并使读者进入这种世界的能力是“理性清晰”（142）的标志。与埃文斯（2001）和段义孚（1998）一样，托尔金反对那些将这种活动视为消极逃避的观点：

> 我无法接受“逃避”这个词现在经常以带有蔑视或怜悯的口吻被使用：而这种口吻在文学评论之外的用法根本没有正当理由。在那些滥用逃避的人所惯称的“现实生活”中，逃避显然通常是非常现实的，甚至可能是英雄主义的。在现实生活中很难苛责，除非逃避失败；但在文学批评中，似乎逃避得越成功，它就越不好。显然，我

们面临着词语的滥用，以及思想的混淆。如果一个人发现自己被困在监狱里，他试图逃离这里而与家人团聚，这种行为为什么要受到蔑视？或者如果他暂时无法出狱，那他是否可以思考和谈论在监狱和囚禁之外的话题呢？外面的世界并没有因为这名囚犯看不见就变得不那么真实。用这种方式使用“逃避”一词，是评论家对语汇的误用，而更重要的是，他们正在把囚犯的逃避（Escape of the Prisoner）与叛逃者的逃跑（Flight of the Deserter）相混淆，有时未必是出于无意识。（148）

数字游戏世界延续了创造次生世界的传统，并通过利用计算能力加强这些世界的内在逻辑，计算能力不仅对那个世界进行表现，而且使其中的人物鲜活起来，并保持内在逻辑的运转。大型多人在线游戏通过维持这个世界的持久性和共享、同步的体验，进一步扩展了次生世界的能力。

微观相位：游玩过程中的情绪影响

游戏环境设计中采用的修辞策略旨在引发特定的

情绪反馈。然而，它们所预设的效果未必能够在游戏过程中显现。这种差异可能源于多种因素，玩家对某款游戏或某类游戏缺乏兴趣，来自其他注意力吸引源的干扰，个体对于所呈现的事件具有与设计师不同的诠释，或者简单地说，就是设计不当。尽管设计师无法完全控制其作品的具体效果，但他们所做的设计选择通常会促使玩家产生特定的反应或情感回应。

这种修辞力量的大部分可以与特定媒介的表现模式相关联。许多理论家和设计师已经指出，图形表现力并非使游戏引人入胜的原因。尽管视觉表现的质量和美感本身并不能使游戏引人入胜，但不应忽视图形和声音的激发力：

> 我想我最爱的地区应该是暮色森林（Duskwood Forest）。纯粹因为它特别像密尔伍德（Mirkwood）（出自《霍比特人》）。出于同样的原因，我也喜欢银松森林（Silverpine Forest）和亡灵在布瑞尔镇（Brill）周围的出生地。那儿非常有氛围感，因为光线、声音、恰到好处的怪物种类和排布。一切都高度符合主题。你能在那儿找到你期待在一个黑暗、阴森的奇幻森林中找到的所有元素：巨大

的蜘蛛、狼人、亡灵。（Inauro，《魔兽世界》）

游戏画面通常是数字游戏吸引玩家注意力的首要因素，无论是在选购新游戏时还是初次游玩时都是如此。主流的游戏评分网站以及游戏发行商都不约而同地纳入一些游戏截图和游戏视频的链接，这并非巧合。吸引人的画面往往会诱使玩家去尝试他们原本不会考虑的游戏。游戏的可玩性是否能够使玩家保持兴趣是一个问题，但要让他们首先试玩游戏，必须要有一些原初引力，而画面通常就是为此而生的。游戏的视觉风格能够很好地体现游戏的流派或流派组合以及相关的设定。游戏截图充满血腥，而且设定在黑暗废墟的游戏不太可能会吸引那些在为年幼的女儿寻找一款色彩丰富且令人愉悦的游戏的消费者。

有一些游戏类型更为依附于特定的画面和音频表现形式。一款设定在“二战”时期的第一人称射击游戏通常会努力重现那个时代的感觉，因此会依赖一定程度的逼真度。话虽如此，我发现那些专注于重现时代本身的游戏，与那些旨在通过电影等其他媒体表现来捕捉电影感的游戏之间仍然存在区别。例如，比较两款设定在“二战”时期的第一人称射击游戏《荣誉勋章：联合突击》和《红色管弦乐队：东线41—45》（*Red Orchestra: Ostfront 41-45*, Tripwire Interactive, 2006）。《荣誉勋章：联合突击》的视觉风格强烈受到第二次世界大战相关的当代好莱坞电影的影响，比如《拯救大兵瑞恩》（斯皮尔伯格执导，1998）和《珍珠港》（迈克尔·贝执导，2001）。游戏中采用的布光和调色，以及屏幕上展示出的戏剧性动作，让人回想起这些电影，过场动画或者可玩部分的几个场景几乎是电影的完全复刻。《红色管弦乐队：东线41—45》对第二次世界大战的设定则采取了完全不同的方式，其图形风格和音频效果都传达出更为强烈的历史真实感。与《荣誉勋章：联合突击》相比，它提供的界面信息仅限于角色的疲劳和受伤数值，以及剩余弹药的数量。与大多数第一人称射击游戏不同，这款游戏没有准星，如果不将武器的机械瞄准具对准视角，几乎不可能命中一米开外的目标。这也导致玩家必须减速缓行或停止移动。与《荣誉勋章：联合突击》或《反恐精英：起源》等游戏不同，移动时进行精确射击在《红色管弦乐队：东线41—45》中几乎是不可能的。相反，玩家必须经常采取跪姿或卧姿来抵偿武器的后坐力。

《红色管弦乐队：东线 41—45》中的大多数步兵携带单发步枪，玩家每次射击后都需要拉动枪栓才能再次射击。虽然设定在同一时代，《荣誉勋章：联合突击》中有屏幕中央的准星，即使使用自动武器也能移动并准确射击。《红色管弦乐队：东线 41—45》的设计师们还特别关注准确复制这个时代的制服、武器和物品。这两款游戏表面相似，但图形风格、音效和物理效果却营造出了非常不同的情感体验。

《红色管弦乐队：东线 41—45》和《荣誉勋章：联合突击》等多人射击游戏的设计者一直在努力通过压制火力的引入来制造团队合作的需求，其中一名玩家射击对手的掩体，以便给她的队友们提供在暴露区域移动的时间。这种游戏机制的问题之一是，压制火力的效果在很大程度上取决于发起者的能力。压制火力的目的并非一定要击中对手，而是既能使对手难以射击玩家的队友，又能营造一种紧张感。《红色管弦乐队：东线 41—45》通过为真实物理环境赋予扭曲的图像和巨响音效，为对方玩家制造行动障碍，增加紧迫感，甚至造成恐慌。当玩家射中掩体时，会发出巨大的噪声，使人更难观察周围发生的事情。如果被射中的掩体后面的玩家试图探出身体还击，他们的屏幕会变得模糊而且抖动，使精确瞄准变得非常困难。如果被射中的掩体由会产生灰尘和碎片的可摧毁材料构成，例如石墙或木窗台，会使得还击更加困难。视觉障碍，透过铁瞄准镜进行瞄准的挑战性，和高度还原历史而精度有限的枪械，这种组合成功创造了有效的火力压制。当团队在火力压制之下前进时，这种图形、音频和物理技术的组合还会进一步通过增强紧迫感来增加刺激。

美学与情感

许多参与研究的受访者都谈到了大型多人在线游戏的艺术之美所具有的唤起情感、激发情绪的力量："我喜欢暗夜精灵之地（Night Elf Land）。这里宁静而美丽，音乐也很好听。这座神庙是我的最爱，非常壮丽。每当我不想玩游戏时，我就来这里。就坐在这儿，看新手暗夜精灵进来，听他们的惊呼声。好可爱。我还记得第一次来的时候。让人感到宁静。"（Aprile,《魔兽世界》）

由于这些虚拟世界依赖于玩家的广泛参与，设计师们需要创造能激发玩家积极情绪的场所。《魔兽世界》的设计师非常注重审美对玩家的影响，因此创造了各种色彩搭配精妙而具有吸引力的地图，还制订了旨在吸引更广泛受众的设计准则。置身于美丽景观而漫游其间，具有特殊的吸引力，比在非遍历媒介中观看引人注目的图像能提供更加沉浸式的体验。

有些玩家觉得其他形式的情感唤起更具感染力。动作射击游戏《极度恐慌》旨在将第一人称游戏令人着迷的快节奏特征，与恐怖电影中使人毛骨悚然的视效相结合，从而最大化刺激感。玩家在《极度恐慌》中遵循游戏的线性剧情发展，从一个场景去往另一个。尽管无法脱离关卡演进的连续性，但首次进入某区域触发特定事件之后，玩家可以以任何方式探索场景。游戏在战斗情景和超自然的恐怖场景之间交替切换，在后一种场景中，玩家只有以特定方式进行交互才能过关，这些弱交互场景只是为了推动情节发展，经常会使玩家感到恐惧。

电脑AI控制的角色会使战斗场景更加激烈，他们会躲闪、寻找掩护并互相协作以消灭玩家。如果玩家躲在墙后，窥视并快速射击，然后立即躲回掩体，AI角色就会请求掩护火力，一两名敌人会向玩家靠近，使得玩家更难在不受伤害的情况下消灭逼近的敌人。在大多数动作射击游戏中，一旦清除了某个区域的AI角色，玩家就不需要再担心身后的事情，只需要专注于清理新的区域。但在《极度恐慌》中，AI角色经常从玩家背后偷袭，用步枪托把她击倒。这些侧翼攻击不是预先设定的，也并不由对于区域的探索触发，而是AI根据玩家的行为自适应性地发生。被从背后偷袭的可能性使玩家处于警觉状态，更加谨慎地留意身后。这反过来会加强玩家对于游戏的空间涉入和游玩涉入维度。

激烈的战斗情境增强了紧随其后的恐怖场景的情感力量。当玩家小心翼翼地穿过走廊，并在每个拐角处小心窥视以避免被伏击，这时听到身后传来异响，玩家会仓皇转身（通常会惊慌失措地开几枪）。看到物品从架子上飞起，却没有找到敌人所在，会使玩家感到迷失。灯泡开始摇动、闪烁，增加了恐怖感，当玩家再次转向最初的方向时，一个小女孩突然从阴影中出现，匍匐逃离。首先通过快节奏的战斗场景增强情绪，然后改变游戏世界中物体的行为方式，游戏以此制造了一种被强化的惊骇和怪异感。

《极度恐慌2：起源计划》（*F. E. A. R. 2: Project*

Origin）中这种AI角色的不可预测性在《求生之路 2》（*Left 4 Dead 2*，维尔福软件公司，2009）中被运用得更具情感效应，该游戏采用自适应AI技术来调节游戏的节奏。开发者称之为AI“导演”，根据游戏当前的情况生成敌人、武器、弹药和其他物品，以增强戏剧张力和玩家的情感涉入。由导演所激活的音频片段、视觉效果和角色配音，可能会帮助或阻碍玩家，同时增加游戏的紧张感和幽暗氛围。就像在《极度恐慌 2：起源计划》中一样，《求生之路 2》中袭击者的不可预测性让玩家始终保持警惕。即使一个区域中的僵尸已经被清除殆尽，如果玩家过于掉以轻心，导演可能会通过附近的墙壁遣送一波新的僵尸。

《求生之路 2》是一个高度强调合作的游戏，玩家们需要团结一致保护彼此才能生存。除了敌人位置的不可预测性，游戏还通过一些僵尸所具备的特殊能力来增加恐慌感。玩家们会在每个房间和街角遭遇奔向他们、挥动利爪的普通僵尸。但同样还有一些特殊僵尸，每个都拥有致命技能，尤其对落单而没有队友保护的玩家来说。例如，捕猎者会跳到玩家身上，将他们击倒在地，疯狂地砍击他们。如果捕猎者跳到其中一名玩家身上，她无法自己摆脱，她需要另一名玩家开枪或者打退僵尸。当玩家们呼喊着请求朋友施救，试图解释自己所处的位置，情况会变得极度恐慌，甚至会因为其他玩家也受到了攻击而变得更加棘手。《求生之路2》能够创造如此生动的体验，是因为它的情感修辞策略紧密结合了审美和系统维度。这种互相连锁的协同体验进一步增强了游戏的情感冲击，因为玩家们需要在遭受游玩和情绪压力的情况下进行有效沟通。

像《极度恐慌2：起源计划》和《求生之路2》这样的游戏利用黑暗空间和迫在眉睫的危险来制造紧张感。这两款游戏的成功已经证实，众多玩家都享受这些游戏带来的肾上腺素激增的情境。当然，这只是游戏承载的情感涉入的一种形式。玩家们会在游戏中寻求不同类型的情感体验：比如《魔兽世界》玩家所描述的那种因为美丽而宁静的场所而带来的愉悦感，像Inauro之前所描述的借鉴其他流行媒介视觉风格的吸引力，又或者是《极度恐慌2：起源计划》等恐怖游戏中的惊恐效果所带来的刺激。有时候，玩家们会为了在他们认为有感染力的特定场景中获得更好的体验，而牺牲更好的游戏性。

许多游戏设计师都对以牺牲游戏创意设计为代价

而提升视觉表现力的趋势提出了疑问，萨伦和齐默尔曼（2003）也在其列。从创造有趣的游戏机制的视角来看，这种观点不无道理，但我们不能忘记，数字游戏不仅要吸引那些追求游戏机制有趣而精巧的玩家，它们还同时大量吸引那些追求特定的封装体验的玩家，比如成为一名方程式赛车手、“二战”中的狙击手、足球队经理或东方快车上的侦探。正如Inauro所阐述的那样，游戏中美学维度的吸引力往往会受到玩家从其他媒介中积累的期望的影响。数字游戏不仅仅是游戏系统，更重要的是，它是数字化的媒介体验，旨在满足由电影、文学或自由奔放的幻想所产生的欲望。

情感涉入维度因此包括各种形式的情感参与，从舒缓场景中发生的宁静感，到在线竞技第一人称射击游戏中的肾上腺素飙升，再到动作恐怖游戏中令人毛骨悚然的情节所产生的离奇效果。这一维度解释了游戏中的情感修辞策略，不论是有意预设的，还是经由个体玩家对游戏内事件的诠释，或与其他玩家的互动所引发的。

第九章　游玩涉入

宏观相位：目标与奖励

在《游戏与人》(*Man, Play and Games*) 一书中，罗歇·凯卢瓦（1962）区分了一种他称之为戏耍（paidia）的游戏态度，和一种被规则施加而结构化的体系，即技游（ludus）。戏耍代表着“消遣、骚动、自由即兴和无忧无虑的快乐”（13），表现为一种“随心所欲”的形式（13）。对于凯卢瓦来说，戏耍代表了一种理想化的纯粹玩耍，不受包括语言在内的任何文化形式的规训：“一般来说，戏耍最初的表现无以名状，也不可名状，正因为它们不从属于任何秩序，没有独特的标志象征，也并非完全独立存在，所以无法用一个专有名词来界定它们的自由范畴。”（29）

戏耍经由各种活动自我彰显，并不一定与游戏有关。凯卢瓦所举出的例证涵盖了各种行为，从婴儿对着她的拨浪鼓嗤嗤发笑，到猫被缠在一团毛线球里，甚至是翻一个筋斗。然而，人类的大脑会试图理解自身和周围的环境，所以戏耍失序的自由是稍纵即逝的。凯卢瓦把经由惯例、规则和技术而结构化的戏耍，称为技游（ludus）：“这是对戏耍的补充和驯化，使其变得规范而丰富。技游为玩家提供了一种训练的机会并且通常会使其掌握某种特定技能，掌握某种装置的操作，或者是发现某些更常规问题的令人满意的解法。”（29）

凯卢瓦将技游描述为一种强加于戏耍之上的“无缘无故”的结构形式。之所以无缘无故，是因为玩家们总是自愿进入其结构化的挑战之中。当游戏涉及多名玩家时，构建挑战的参数是在他们之间经过协商并达成共识的。当没有其他玩家涉入时，挑战就由游戏本身的结构所建构。

虽然某些类型的数字游戏带有一些戏耍的元素，但它们永远无法达到凯卢瓦所描述的理想状态，因为它们受到其编码设计的强烈制约。即使是在虚拟环境中形式最自由的活动也受构造它的代码约束。在《侠盗猎车手Ⅳ》中的自由城上空肆无忌惮地飞驰会在动觉方面具有一定的自由度，但需注意这些特性往往被游戏的编码规则所塑造。因此，游戏场景中的行动会受到技游（ludus）有序一面的影响；玩家的意念始终受到设计系统惯例的限制。

规则为游戏世界中的行动和对象赋予意义。正如许多学者所指出的（Salen and Zimmerman，2003；Juul，2005），游戏的一个重要方面是其系统性。游戏的游戏性由规则系统构成，为系统内的对象、事件和实体赋予特定的价值。这一规则系统是游戏表征性表面背后的机器，总体上旨在为玩家创造一个充满有趣选择的景观。正如托马斯·马拉比（2007）所主张的那样，这些规则意在产生一些有趣的偶然性形式，供玩家试验和探索。

因此，游戏规则深刻影响着玩家与游戏世界的互动。正如我们在第一章中讨论的，在非数字游戏中，只有参与其中的玩家们遵守规则，游戏才能进行。在数字游戏中，机器可以维持规则系统，而有时这个系统还会增补一些由玩家达成的共识规则。非数字游戏和数字游戏在规则方面的主要区别在于，在数字游戏中，游戏世界唯一允许的行动是由规则系统规定的。在某些数字游戏中，特别是那些发生在广阔游戏环境中的部分，并非玩家采取的每一个行动都与规则体系有相关性。例如，玩家可以在一个区域四处走动，只是为了看看风景或打发等待朋友上线的时间。虽然玩家在与环境属性相互动，例如移动速度、障碍物的密度等，但这些并不被视为规则系统的一部分。回到我们在第一章中对模拟、环境属性和游戏的编码规则所做的区分，它们在构筑玩家在游戏世界中的体验中扮演着非常差异化的角色。

游戏的规则系统用规则所设定的价值来架构表现层。这是通过遍历媒介与非遍历媒介来传达符号意义之间的决定性差异。在电影中看到的国旗，承载着国家认同和爱国主义（以及其他）的传统内涵。相比之下，在像《使命召唤 4》这样的多人第一人称射击游戏中，抢旗模式中的国旗变得不再是国家象征，而更类似一个游戏目标，在这种特殊的游戏模式中组织游戏机制。国旗承载着一系列意义，只能通过与游戏规则的互动来阐释。举个例子，设想一下，在距离比赛结束只剩下三十秒的时候，抢旗游戏中两队比分打平。我们队的国旗被带到了对方的大本营，但我们设法射杀了国旗携带者。国旗现在就躺在离对方基地几米远的地上。如果对方队员抓起国旗并带着它跑回基地，我们就输掉了比赛。我们整个队伍都警惕地意识到，国旗必须被捍卫和夺回，否则敌人很有可能会夺取它而赢得比赛。国旗因此不再被诠释为国家认同的象征，而成为两派之间争斗的焦点，为两队的玩家们增添刺激的源泉。

尽管规则系统在吸引玩家涉入游戏，以及在游戏过程中维持他们的注意力方面起着重要作用，但规则本身并不经常成为被有意识关注的焦点。相反，在决策制订、追求个体及游戏所定义的目标的过程中，规则系统通过实践性的方式显现出来。研究的参与者们高频地提及他们与游戏规则系统的互动，但主要是通过目标的形式而非规则系统本身来表达这种参与。因此，本章的其余部分将主要通过与多层级目标的互动，以及围绕此类互动的决策过程来探讨游玩涉入。

在宏观相位上，游玩涉入的维度围绕游戏参与的动机，主要由追求目标、获得相应的奖励所提供。在微观相位上，在游戏过程中的游玩涉入涉及决策和计划制订，使玩家能够通过一种机制，逐步完成由其自身、游戏或其他玩家所设定的一系列目标。

目　标

游戏中的选择通常与游戏所设定的目标或玩家自

主设定的目标相关。追求目标本身就可以是一种目的——在一个基于规则的意义系统内，生成满足感的自足体验——它也可以受获得奖励的欲望驱动。当我们未能实现这些目标时，会感到沮丧挫败，成功时则欣喜若狂。但通常情况下，在日常生活中，无论是为我们设定的或我们自主设定的目标，都无法必然带来奖励或满足感（McIntosh，1996）。我们可能会希望通过职场晋升来获得认可，但超出控制的外部因素可能会阻碍这一目标的实现。我们可以采取那些能够提高成功概率的行动方案，但最终结果可能会超出我们的控制或能力范围。游戏被建构成可以被解释和调节以适应参与者技能的系统（Egenfeldt-Nielsen，Smith，and Tosca，2008；Juul，2005），从而为达到目标创造机会，在这里，外部未知因素更容易被消除。换句话说，游戏迎合了我们的某种内在倾向，即把生活的复杂性整合为层级目标，通过创建一些系统使得这些目标得以明确表述，且被特意设计为可实现的：

> 如果目标已经被接受为人类灵魂的重要准则，那么更应该承认的是它们在游戏中的显著重要性……事实上，游戏将我们每天努力应对的

> 抽象的人生目标，凝练为高度具体、在时间和空间上都被限定的事件，通常还附加了一些虚构元素，使它们超越了日常的挣扎。（Järvinen，2008，131）

正如一些理论家所指出的（Juul，2005；Salen and Zimmerman，2003；Järvinen，2008；Björk and Holopainen，2005），目标在游戏中起着核心作用：它们为游戏系统的特定行动给出定义并赋予价值，无论该系统由机器维系还是由玩家协商。但是目标不仅仅存在于特定规则系统实施的时候，开放的虚拟环境也允许个体玩家设定目标。《侠盗猎车手Ⅳ》可以被恰如其分地描述为这样一个虚拟环境，其中嵌入了一系列小游戏，它们的预设叙事具有严格游戏性的线性结构。要推进游戏剧情，玩家必须完成各种任务，通常涉及一系列相关目标，这些目标只能通过遵守一组相对严格的规范来实现。与此同时，游戏环境也支持其他由玩家自定义的目标。例如，我们可能希望在自由城中四处行驶以寻找一辆更漂亮的车来偷，这样的目标可以被视为罗杰·桑克（Roger Schank）和罗伯特·阿贝尔森（Robert Abelson，1997）所描述的“工具性目标”（74），即一个目标成为另一个目标达成的先决条件；或者可能是我们出于自身原因做的一些事情。我们想驾驶着一辆比现在这辆更好看的车在自由城闲逛，可能就是出于这件事本身，而没有任何更高层次的目标。抑或是我们想要一辆看起来更酷的车，可能是想在当晚给我们的虚拟约会对象留个好印象。

这个例子凸显了区别这二者的重要性，即由编码的游戏系统所设定并校验的目标，与玩家自主创建的目标。《侠盗猎车手Ⅳ》还允许玩家与城市中的其他玩家互动。他们可以自由参与小游戏，如台球或保龄球，自由漫游城市，或在游戏中自己设定游戏。比如说，我们可以举行一场比赛，从医院入口出发，绕行街区三圈。这样一来，我们就在游戏环境中创造了一个自己的游戏，有一个或一组目标，由玩家共同协商和认定。

因此，游戏目标可以由系统确定，由玩家个体设定，或在多人游戏中由玩家社区协商。个人目标可以与游戏设定的目标相区隔，其范围取决于游戏系统允许的开放度。例如，在《太空侵略者》中，我们可以自行设定一个目标，在不损失任何一条命的情况下打通前五关。由于《太空侵略者》系统允许的活动范围相当有限，玩家可以设定的个人目标也会同等受限。相比之下，《上古卷轴Ⅳ：湮灭》或《辐射 3》这类开放式沙盒游戏，给玩家提供了一个开放的环境，玩家可以在其中自由漫游，不受线性游戏所施加的行动和探索方面的限制。沙盒游戏允许玩家在游戏环境中决定自己的行动路线，而不会因未遵循设定的故事情节而受到惩罚。在《上古卷轴Ⅳ：湮灭》中，我们可以决定不去拯救受到魔族大军占领和威胁的世界，而是以打家劫舍、谋取私利为业。在这种情况下，我们的长期目标可能只是尽可能地积累家财或者获得臭名昭著的强盗之名。短期目标可能包括劫掠富户、练习撬锁这类实用技能，以及找到一个合适的地方作为行动基地。像《上古卷轴Ⅳ：湮灭》这样的游戏之所以吸引人，恰恰因为它被设计为能够响应我们的各种行为，也因此对我们来说变得更加有意义。参与的犯罪活动越多，我们就会变得越臭名昭著，这个世界中的其他角色对我们的反应也更有可能是负面的，当局甚至可能试图逮捕我们。因此，游戏规则系统校验了我们的个人目标，使我们的行动在系统中产生了积极和消极的结果。

大型多人在线游戏为个人目标的设定提供了更大

的空间，尽管这些目标仍然受到游戏编码机制的限制。例如，在《魔兽世界》中，作为一个等级为1的角色，我们无法马上出发去探索世界，因为每个地区都有主动出击的怪物会攻击并杀死我们这些还很弱小的角色。然而，大型多人在线游戏为自我创建的目标提供了比较广泛的范围，由于它们的世界规模、风格各异的游戏方式，以及最重要的玩家社区的持续存在。我研究中的参与者表达了他们如何在大型多人在线游戏中追逐个人目标，并由此被深深吸引。Ananke描述了一段她完成自己创建的个人目标的参与过程：

> 我曾经从黑海岸（Darkshore）开始游。花了大半个下午，只是因为我想这么干，这是我做过的少数几件不计时间成本的事情之一。这不是每个人都做过的事情。它是一次冒险。我不知道自己是否能够成功。这是一个有趣的挑战，不是游戏机制让我这么做的。（Ananke，《魔兽世界》）

对于更聚焦于在游戏世界中最大限度地升级角色的玩家（通常被称为数字游戏，即numbers game）来说，Ananke的长途游泳可能看起来毫无意义，因为它并不产出特定的游戏奖励，但对于Ananke来说，这是一次对游戏空间边界所进行的愉悦探索。这是一个多种参与维度如何在实践中互相交织的案例。

玩家能够自主决定要去做一件事并且也实际做了，这种能动性使得完成目标的满足感得以实现。通过探索游戏空间和游戏系统，这种感觉进而得到增强，而旅途中的一系列事件所构筑的故事，致使Ananke对整个游戏世界更加投入。玩家会从他们可以自由创造并朝着自己的目标而努力的状态中获得满足感。而这种能够朝着自己的目标努力的能力之所以重要，不仅是因为达成目标后所收获的满足感，还因为它让玩家们感到一种行动的自由和对在游戏世界中体验的掌控权，正如Sunniva所强调的："它让你更好地掌控自己的游戏体验，设计自己的任务，从而使游戏更具吸引力，我认为，因为你需要更多地规划和思考你在做什么。"（Sunniva，《星际Online》）

目标的架构

在认知心理学中，目标通常被视为层级架构（Bell

and Huang，1997；Locke and Latham，1990；McIntosh，1996；Rosenbloom and Newell，1983）。对于层级架构中每个层次的具体属性，理论家们看法不一，但大多数该领域的研究人员都一致认为高阶目标和低阶目标之间存在区别。有时会被分别称为“主要目标”（primary goals）和“次要目标”（subgoals）。人们追求更触手可及的子目标，通常是为了实现主要目标（Houser-Marko，2007）。

阿基·亚尔维宁（Aki Järvinen，2008）在他的博士论文中，把主要目标和次要目标的区别应用于对游戏的分析，认为游戏同时包含低阶目标和高阶目标，并且低阶目标往往在追求高阶目标的过程中起到工具性作用。斯塔凡·比约克（Staffan Björk）和尤西·霍洛帕宁（Jussi Holopainen，2005）同样将目标的层次架构视为游戏中的惯用范式。他们指出，当玩家意识到低阶目标影响高阶目标的方式时，前者对玩家满足感的影响更为显著。例如，在玩《辐射 3》时，我们的高阶目标可能是找到跑路的父亲。为了找到他，我们必须前往一座距离相当远的电台。途中充满了危机四伏的障碍，包括疯狗、帮派分子和成群结队的变种人。为了成功穿越这条险径，我们决定设法购置一些更好的装备，于是开始寻找可能有商店的人类定居点。在找到一个名叫“兆吨镇”（Megaton）的城镇后，我们意识到必须积蓄瓶盖这种新货币，以实现购买好装备的目标。因此我们要么去偷东西，试着倒卖到其他地方去，要么去打工赚钱。我们决定找一份工作。

《辐射 3》的案例描述了一系列子目标——购置装备、找到城镇、赚取货币——旨在实现找到跑路的父亲这一主要目标。确定主要目标对于保持玩家对游戏的激情和参与至关重要，因为主要目标及其随之而来的一系列子目标为玩家的行动赋予了意义，并为他们持续的参与提供动机。当然，我们可以在《辐射 3》中选择一个不同于游戏系统所建议的主要目标。我们可能会判定，我们的角色在被遗弃并置身于末日后的残酷现实中，对人类已经失去了全部的信心。既然如此，我们可能会决定杀死游戏世界中所有活着的人类。游戏的规则系统允许这种类型的主要目标，并允许我们通过构建一系列子目标而朝着这个目标努力。不过，如果注意到被杀害的人在几分钟后又刷新复活了，那么我们就将无法实现这个个性化的主要目标了。这种情况在像《孤岛惊魂 2》（*Far Cry 2*，育碧蒙特利尔，2008）这类倒下的敌人自动无限重生的游戏中会出现。因此，不同的规则系统为个人主要目标的创建提供了不同程度的支持。

在游戏环境中，缺乏明确定义的主要目标可能会让玩家感到迷惘，而需遵守系统设定的主要目标则可能会让玩家感到束手束脚。可用的目标类型取决于所讨论的游戏类型及对它的预期。一方面，例如，很少有玩家会期望一个网球游戏提供一个开放世界，支持各种探索向的个人主要目标。另一方面，如果一个大型多人在线游戏未能呈现这种开放的、可探索的世界，将会让很多玩家败兴而返。因此，一款游戏可能的主要目标取决于游戏系统的可供性和其所处的虚拟环境。

虽然对不同层次的目标进行区分有助于理解游戏的目标架构，但整个游戏活动也可以看作其他主要目标的子目标，例如通过放松而自我调节，通过战胜其他玩家来提高自我价值感等。因此，一个游戏的主要目标往往只是玩家整个生命图景中的一个次要目标。然而，生活中目标层级的某些特性在游戏情境下并不适用。威廉·麦金托什（William McIntosh，1996）指出："目标层次的一个相关性特征是，位于层次较高的目标比位于层次较低的目标更为抽象。"（56）尽管这对于某些游戏中的主要目标而言可能是正确的，但更为普遍的情况并非如此，因为游戏设计的目的在于保持玩家长时间涉入，因此，始终向玩家清晰地传达明确的目标将有益于这一目的。一个常见的例子就是在大型多人在线游戏中会把达到最高级别作为主要目标，系统始终在全时段内对此进行量化并明确指示，以便让玩家持续为此目标而努力。正如一位参与者所说："然后数字出现了……迅速提升级别、更高的技能点数、更好的装备（拥有更高的数值）、更大的背包以携带更多道具，赚更多的钱来购买更强有力的物品……"（Oriel，《魔兽世界》）

在日常生活中，我们很少能得到如此明确的反馈。即使确切的、目标相关的反馈存在，也很少会像游戏目标那样被清晰地结构化、透明地传达并拥有确定性。因此，在考虑主要目标和次要目标的架构和动态关系时，将游戏目标和人生目标加以明确区分是很有必要的。

微观相位：游戏过程中的计划、目标和奖励

游戏设计师席德·梅尔（Sid Meier）将游戏描述

为“一系列有趣的选择”（引自Rollings and Morris，2000，38）。梅尔指出，玩家能够构想可能的行动方案并采取行动，是游戏的一个关键特征。正如在第一章中所讨论的那样，我们称之为游戏的大宗作品，在属性和范围上有很大的差异，但它们都依赖于玩家的互动。大多数行动都起源于计划和决策的过程。微观尺度的游玩涉入涉及决策过程和此类行动的预期后果。如在第三章中所讨论的那样，遍历性是由计划制订中的认知活动和行动的意愿，以及行动的执行所共同构成的。

计划与目标

执行行动是为了实现一个目标导向的计划。数字游戏具有沉浸感的方面之一就是计划、执行、反馈和重新规划的迭代过程。玩家会设定一个努力实现的子目标，并为实现这些目标制订计划。当计划被施行时，玩家会获得成功概率的反馈，这使他们得以继续执行原计划，或根据出现的情况进行修正。尽管玩家可能没有必要的资源和能力来实现计划，或者他们感觉表现不如预期而决定重开游戏。如果计划成功实施并达到子目标，则会启动新的子目标，通常优先考虑目标层次架构中更高阶的子目标。因此，微观层面上的游玩涉入涉及通过探索可用选项和相关的知觉后果来启动一个实现计划的过程，涉及系统、个人和社会目标的各个层次。

在《魔兽世界》中从拉沙克（Ratchet）到羽月（Feathermoon）的旅程规划是微观尺度上游玩涉入的一个例证。在出现不可预见的意外情况时，计划会被立即制订和修改，如在穿越某个区域时，玩家派系之间发生了意外冲突。大型多人在线游戏中各种情况的复杂性，不能完全纳入游戏规则的范围，特别是在开放世界中。无论是在《魔兽世界》中的拍卖行里商定物品价格，还是在《反恐精英：起源》中设计防御策略，或者是在《中世纪 2：全面战争》中决定投入多少军队攻打阿拉贡，微观尺度下的游玩涉入都涉及对于各种可能性景观中的伴生行动进行逐时评估。

比如在《孢子》中自定义一个生物以符合特定的心象（个人目标），或者构建一个机能强悍的生物来碾压对手（系统目标），这两个过程都涉及游玩涉入，因为二者都由指向特定目标的一系列选择所构成。这种活动未必是竞争性的，但要被视为游玩涉入，它需要指向一个具体目标。

战略、战术和微战术

主要目标和子目标之间的区别，同时体现在实现目标的计划上。为了追求主要目标而制订的计划被称为战略（strategies），而为了追求子目标制订的计划则被称为战术（tactics）。当然，这是一个一般性的区分，因为在层次架构中有各种级别的子目标。在进行瞬时行动的规划方面，更为具体的目标是有用的。尽管所有即时行动最终都服务于完成一个子目标，将在行动时制订的计划单独加以区分也是有意义的，我们将这些计划称为微战术（microtactics）。

以击剑为例，我们的主要目标可能是成为更好的击剑手，最终在全郡排名前三。为了达到这个目标，必须在多项排名赛中名列前茅。于是，现在有了一个具体的目标，在即将到来的比赛中取得胜利或表现出色。比赛期间，我们的子目标又可以被分解为赢得个别比赛。采用的战略会需要一个训练体系，慎重选择参加何种比赛等，而战术则与赢得单场比赛有关。在更低层次上，单场比赛中我们做出即时决策是为了实现即时目标，即赢得当前的一分。为实现这一即时目标，一系列微战术被部署。微战术的概念在描述与规则系统相关的计划时更为具体。在使用这个术语时，我并不打算死板地将行动标签化，而是想表达两种被计划的行动之间的层级关系。回到击剑的例子，单场比赛的战术可以表述为："在撤步时阻断对手的进攻，并利用反击获得安全分。"而微战术则是："对方失去平衡，顺时针移动银色剑刃；以逆时针躲避剑刃冲刺。"

计划和执行的这种细化仅适用于分析某些行动，即计划制订、执行、反馈和评估之间时间间隔较短。在桌面游戏中，谈论微战术并不特别有用，因为玩家有时间来思考他们的战术和策略。在大多数需要玩家行动的游戏环境中，微战术的概念指的是立即执行某些动作的决策，而非其他。

在《FIFA 2009》的"终极团队"模式中，我们可能会有一个主要的个人目标，就是创建一个完全由意大利球员组成的团队，并在线上比赛中击败其他玩家。在我们开始招募球员之前，必须遵循一长串的子目标。需要通过打比赛赚钱，同时尽量减少失利。因为每场比赛都会消耗所有球员的合同时间，而延续合同耗资不菲，因此我们需要使用那些不打算长期保留的球员。接着，我们需要组建一个包括经理、主教练、守门员教练、理疗师和健身教练在内的优秀的工作团队。我们需要决定这些团队成员中谁对我们最初的进展至关重要，因为他们都会消耗资金和合同时间。然后，我们需要签约并培养所选择的球员，同时不耗尽他们的合同时间。与此同时，我们还需要把这些球员的士气保持在高昂的水平，但如果他们从不参加比赛，这就很难做到。

这个小例子展示了子目标互相关联的复杂性，以及玩家为实现这些目标而部署的相关策略。整体策略可能会随着实现主要目标的可能性而改变。上述所有例子都涉及比赛管理阶段的子目标。虽然我们部署关键策略是为了实现赢得比赛这个子目标，另一个重要的子目标可能是避免球员受伤或被罚下场。在实际比赛中，我们关注的是得分和防止对方球队得分的子目标。这些子目标通过一系列微战术来执行，例如传球、过人、盘带、铲球等。游戏中要求我们瞬时迅速决策。如果我们的右边锋沿着边线奔跑，迎面是对方防守球员，我们就必须迅速做出决策：是把球短传给在他身后奔跑的右后卫，还是尝试过人后再传中，或者现在就传球，指望对方防线不要拦截？决策是服务于更高阶战术的一种微战术，这些微战术又是为追求一系列逐级提升的目标而部署的。

奖　励

除了达到目标的满足感，游戏常常通过特定的游戏内奖励来诱惑玩家。这些奖励会随着玩家在游戏架构中逐层进阶而渐次发放。奖励的形式多种多样，有时由系统颁发和验证，有时则更具个性或社交属性。游戏奖励的价值本质上是主观的，始终取决于玩家的欲望、需求和期待。同样的过场动画，对于一些玩家来说可能像是一种奖励，但对于有的玩家来说则是麻烦的存在。在大型多人在线游戏中，找到一把稀有的魔法锤对需要它（或者它可能带来的货币和/或社交价值）的玩家来说是一种莫大的奖励，但对于已经拥有一堆更好的魔法锤的氪金玩家来说，可能只会感到失望。

奖励可以提升玩家的角色或微缩模型的能力，使他们更容易完成某些任务或赋予他们某些全新的能力。这些形式的奖励增强了玩家的执行力。在《星际Online》中，玩家达到新的等级会被奖励一个技能点，可以用来购买新装甲、武器和车辆的使用权。这些技能点也会进一步增强角色的能力，因为每种新技能都有增强其他技能的效用。例如，如果穿上隐形装甲（使穿戴者几乎遁形的装甲），然后尝试入侵敌方设施的大门来渗透他们的基地，我们的整体效能将因侦察机操作技术的加入而大大增强。在敌方塔楼上空高速飞行然后降落至屋顶上，会比徒步或驾驶陆地车辆更容易侵入塔楼，尤其是在周围正在激战的情况下。

这些改进后的能力使玩家拥有更大的机动性，使他们能够以更高效或更有趣的方式在空间中游历并熟悉地形。这些能力在跨度很大的环境中，或是默认设置下玩家无法获取空间信息的游戏情境中尤为重要。在《上古卷轴Ⅳ：湮灭》的赛伦德尔（Cyrodill）或《指环王Online》的中土世界这样的大型游戏世界中，从世界里的一个地点抵达另一个地点可能需要几个小时，特别是当没有远距离传送设施或玩家无法使用这些设施时。因此，玩家就会对以更迅捷的方式穿越空间的方法非常期待。在大型多人在线游戏中，通常以坐骑或载具的形式出现，具体取决于游戏世界的设定。在《上古卷轴Ⅳ：湮灭》或《指环王Online》中，玩家可以购买马匹（或矮马，如果玩家的角色比较娇小），这使得在世界中游历和探索的速度都得到了加成。

在游戏中，如果玩家不与角色捆绑，而是具有一个可动的全知视角时，空间奖励会以增加游戏地图可见性的形式呈现，而不是提高玩家的移动能力。在某些即时战略游戏中，会实施一种名为战争迷雾（fog of war）的游戏机制，能加强可见性的奖励对于战术决策的制订和了解敌人动态而言，会成为一个重要因素。尽管玩家的视角是全知的，但地图上那些视线之外、不受玩家控制的结构和微缩模型的区域将呈现为一团漆黑，或以其他方式被遮蔽。一些即时战略游戏通过提供限定的特殊能力奖励玩家，允许他们查看遮蔽区域的情况。同样，在《侠盗猎车手Ⅳ》等游戏中，空间本身被用作奖励，玩家可以通过完成游戏中的各种任务，获得进入新领域探索的机会。

当然，完成任务或副本本身可能就是一种奖励。在游戏系统内部，玩家可能因为某些目标的内在价值而努力实现它。一个最直接的例子是玩家在街机游戏中成功做出某些操作会获得积分奖励，最终得到一个高分，就像《太空侵略者》中的情况。与之类似，一些射击游戏像《反恐精英：起源》会用夸张的声效来奖励玩家，比如在一轮战斗中表现出色时，会响起一个洪亮的声音："怪兽般的杀戮！"（"Monster Kill!"）。这类奖励的另一个例子是当代主机游戏中普遍采用的成就系统。完成预先设定的目标后，一个成就被解锁并显示在玩家的个人资料页面上。这是一种社会奖励的形式，完成目标的满足感通过为玩家赋予其在游戏社区中的荣耀来体现。通常，玩家只关心"可解锁"的成就，即在游戏中完成某些相关的壮举后的个人成就感。

研究的参与者们表示，有时光是看到分数增加、等级条逐渐充满，已经足够成为奖励本身。这种现象或被称为数字游戏（numbers game），因为玩家可以看到量化成就的积累，通常以数字或条状图的形式表达。这种形式是等级制的角色扮演游戏（RPGs）和大型多人在线游戏（MMOGs）的一个吸引要素，其中的任务或副本会产出一定数量的经验点（XP）直接导向角色的进化，或者是其他形式的货币或道具奖励。

因此，每个任务都构成一个可达成的子目标，服务于通过提升级别来优化角色这一更高阶的目标，而每一级别都是玩家努力的小目标。虽然达到新级别的奖励通常会带来额外的能力加成，但它本身就成为一种令人愉悦的、纯粹的游戏奖励，特别是当玩家一直盯着自己缓慢增长的等级条时。直到看到等级条逐渐填满，听到熟悉的升级音效，继而再次开始这个循环，这种感觉着实令人着迷。参与者们解释他们经常会比计划中玩得更久，只为达到一个新的级别，好为本次游戏之旅赋予一种完结感：又完成了某个具体的游戏目标。

有时候，为了达到目标，他们也不得不遵循那些令人颇感乏味的行动路线，其中最常见的形式就是所谓的“刷怪”。刷怪是指反复杀死毫无挑战性的怪物，唯一的目的就是尽可能高效地获取经验值。尽管玩家们承认这种活动通常索然无味，但是达到下一等级的诱惑是如此强烈，以至于让枯燥感变得值得：“（这）几乎是升级的唯一方式。和其他大型多人在线游戏不太一样，在这里你不能指望别人。所以，我只能去做一些迫不得已的事情来达到目标：升到60级，才能参与突袭/副本任务，获取我想要/需要的物品。”（Aprile，《魔兽世界》）

统计数据不断增长的诱惑并不仅限于大型多人在线游戏。那些将玩家角色、足球队、城市、军队或家庭成员（仅举几例）的提升加以量化的游戏，都有可能让玩家沉迷于日益增加的数字。正如一些参与者所表达的，经过游戏系统验证、清晰可量化的提升本身就是一个强效动机因素。

当量化目标要与竞争对手或团队较量时，数字游戏的威力会更加强大。这类竞争性奖励可能会表现为多种形式，在《反恐精英：起源》的一轮游戏中，击杀最多敌人而获得的满足感；或在《魔兽世界》的团战中，己方公会率先击败一个极具挑战性的怪物首领。

除了竞争性奖励，多人游戏还提供增强合作的奖励。例如，在《指环王Online》中，盗贼职业可以将朋友隐藏在队伍中，使他们在不被敌方生物察觉的情况下悄无声息地移动。这种能力增强了玩家在其他玩家中间的效能感。要解锁这种合作能力，玩家需要达到特定级别，这可以成为对玩家而言颇具吸引力的目标，因为这让他们能拥有更强大的能力来帮助他人。在基于职业的大型多人在线游戏中，玩家在选择其初始职业时，就是在选择他们要努力实现的目标和奖励的种类。《魔兽世界》中的牧师就是一个所谓的治疗职业（healing classes）的例子。这种职业的玩家，他们的作用是在同伴被伤害的时候保护和治疗他们。由于治疗职业旨在帮助其他人，他们完成个人、系统和社会目标后，往往会奖励他们更有效和更有意思的辅助方式。

另一种完全不同的奖励方式是通过预设叙事。当玩家完成游戏设定的目标时，他们会获得预设的过场动画以推动剧情的发展。例如，在《侠盗猎车手Ⅳ》中，完成与游戏主线叙事有关的目标会触发过场动画，来逐步讲述尼科的故事。这种模式在《侠盗猎车手Ⅳ》中效果很好，因为动画场景足够有视觉吸引力，更重要的是，剧本质量、配音演员和他们的视觉呈现共同为塑造这些有趣的角色赋予了一定的纵深。在有的情况下，所谓的奖励可能令人生厌，特别是玩家无法跳过过场动画时。当玩家不得不忍受他们并不感兴趣的冗长过场动画时，可能会感到乏味至极：并不是每个人都热衷于在游戏过程中观看长达一小时的电影，就像在《合金装备 4》（*Metal Gear Solid 4*，小岛工作室，2008）中一样。但是如果预设叙事能够吸引玩家，这种奖励形式可能成为玩家继续参与游戏的强大吸引力，因为玩家想要继续玩下去，以探索接下来会发生什么。

实现或未能实现目标往往会激起玩家的情感反应。尽管两者都可能刺激或安抚玩家，但如今市场上的大多数数字游戏更倾向于刺激而非安抚。玩家的积极参与使得实现或未能实现目标的行为本身成为一种情感丰沛的体验，因为行为的结果反映了他的灵活性、认知或社交能力。因此，实现一个期望的目标这一行为本身有一种与之相关的满足感，就会在许多方面构成对自身的奖赏。相反，玩家未能达成能力范围内的目标可能会引发失望或挫折感。在情感维度趋向平和的另外一极，奖励可能与不那么有挑战性、更和谐的游戏体验相关联，比如因游戏的艺术美感而激发的精神冲击。例如，在《侠盗猎车手Ⅳ》中，在日出时分眺望海港美景，本身就是一种奖励。像《花》（*Flower*，thatgamecompany，2009）这样的游戏就旗帜鲜明地用美感来奖励玩家：当玩家完成一个花朵序列时，整个环境都会迸发光彩。

游玩涉入小结

无论是打造一个强大的角色，还是征服整个星球，游玩涉入都是游戏最基础的基石之一。它之所以引人入胜，是因为游戏在呈现认知挑战及其相关奖励方面是如此擅长，以至于克服挑战并达成目标会给玩家带来成就感和满足感。

游戏化参与机制聚焦玩家对游戏中决策的深度介入及其引发的连锁反应。这些决策可能会导向一个由游戏、玩家，或由玩家社区所设定的目标，也可以是一个与总体目标毫不相关的一时起意。如果没有回应，行动就失去了意义，执行行动也将不再会产生兴奋感。

现在我们已经依次分析了玩家涉入模型的每个维度，下面将会转而讨论该模型如何解决第二章所提出的四大挑战。为此，我将提出一个解决方案，以应对模型中出现的在场/沉浸问题。

第十章 从沉浸到归化

游戏环境提供了非遍历媒介所无法提供的体验。其中的一种体验现象就是玩家能够隐喻性地栖身于虚拟空间中，这并非仅仅是一种虚幻的想象，而是实在地通过玩家与机器之间的赛博通路而实现。正如我们在第二章所看到的那样，用来表达这一现象的沉浸和在场的隐喻，因术语混淆和模棱两可而饱受困扰。在第二章，我们界定了四种概念挑战，构成这些术语使用中的主要障碍：（1）游戏研究中研究者们将沉浸（immersion）这一术语交替使用来指代专注（absorption）或代入（transportation）；（2）当理解沉浸现象时，需要考虑非遍历媒介的特性和可供性；（3）沉浸不仅仅取决于所使用的技术的特性；（4）构成沉浸的各种体验形式需要被置于注意力强度的连续谱系之上来考察。

除了这些挑战，如果我们所描述的体验现象是指向虚拟世界的单向投入，那么在场（presence）和沉浸（immersion）的定义还会进一步受到局限。正如我们将要看到的，这并不是最佳的隐喻意涵，尤其是这种假设——随着参与者完全浸入（into）虚拟环境中，外部世界可以被完全隔绝（excluded）——这是值得商榷的：玩家或参与者不仅仅是一种被倾注到游戏容器中的主观意识。我们对游戏世界的认识，就像对日常环境的认知一样，应该被更恰当地理解成由当下的体验格式塔而滋生的、在思维层面对外部刺激的内化（Lakoff and Johnson，2003；Damasio，2000）。如果我们感觉自己存在于游戏世界中，那是因为它所构筑的这个栖居隐喻与日常生活的体验格式塔完美适配。

随着游戏环境的复杂性和精细度增加，日常生活隐喻会与游戏体验更加相融。在这里，我所指的日常生活（everyday life），是指当代存在的复合性，即社交和媒介在文化维度上的饱和。虚拟环境所具有的他者吸引力，与日常世界的构建原则相通。这就是在场（presence）和沉浸（immersion）所揭示的复合现象的力量：这种内化和体验结构化的过程之所以引人入胜，恰恰是因为它深深源于日常生活经验。乔治·莱科夫（George Lakoff）和马克·约翰逊（Mark Johnson，2003）强调这种体验格式塔之间的动态转化，以此作为他们体验主义本体论的核心：

> 反复发生的经验会导致一些属类的形成，它们是具有本质特征的经验格式塔。这样的格式塔为我们的经验定义了某种一致性。我们在与周遭环境的互动中会直接形成某种格式塔，当我们的经验与之结构契合时，便可直观地加以理解。而当我们使用一个经验领域的格式塔来构建另一个领域的经验时，便是以隐喻的方式来理解经验。（226）

正如莱科夫和约翰逊在其研究中所强调的那样，意义产生于语言和生活经验之间的互动，二者在这个至关重要的隐喻式过程中互相改造。隐喻不仅仅是对字面含义的某种偏离；它们与我们的现实感知互相创制（Richards，1936；Lakoff and Johnson，2003）。这种相互验证的过程与抽象的经验尤为相关，在这种情况下，比喻的表达促进了必要的结构化，以使相关的经验能够内化。

为了理解栖居于虚拟环境中的感受，我们使用的隐喻最好借鉴我们栖身日常世界的经验。我一直小心避免将虚拟世界与真实世界进行对照，正如大家在讨论虚拟环境时经常做的那样，将这种区分视为天然的可能会大错特错（Lévy，1998）。虚拟环境是我们日常生活中重要的一部分，更有益的看法是将其视为与我们对现实的感知深度交织。因此，栖居于虚拟世界的隐喻，应该借鉴栖居于日常世界的经验格式塔，即将意识视为一种内生的构造，基于既存的经验格式塔而反映外部刺激（Dennett，1991；Damasio，2000；Lakoff and Johnson，2003）。

沉浸和在场的隐喻，由于它们基于某种排他性逻辑，无法为现象提供这样的视角。因此，我建议采用“归化”（incorporation）这一隐喻来解释虚拟环境在两个并行维度上的栖居感。在第一个维度上，虚拟环境被归化为玩家心智的一部分，成为她可以导航和互动的即时环境。在第二个维度上，在任何一个时间点上，玩家都被系统性地归化（就具身化而言）于虚拟环境中的唯一处所。

因此，归化在两个轴向上运作：玩家将游戏环境归化（同化或吸收）到意识中，与此同时（simultaneously），玩家也经由角色为该环境所归化。这两个过程的同步并进是归化这种经验发生的必要条件。换句话说，当游戏环境对于玩家来说是真实可感的，而玩家也通过她的角色在虚拟环境中在场，归化就会发生。

因此，我们可以将归化理解为：将虚拟环境吸纳进意识，从而产生一种栖居感，这种感觉的基础，是系统提供的玩家处于一个特定位置的某种具身性，由虚拟角色所表征（*the absorption of a virtual environment into consciousness, yielding a sense of habitation, which is supported by the systemically upheld embodiment of the player in a single location, as represented by the avatar*）。这种概念保留了对归化（incorporation）这一术语的两种经典诠释：一种意识的同化，以及一种具身化。尽管我知道后者是人文和社会科学中更加关注的含义，但本书在运用该术语时认为两个含义都必不可少。

玩家涉入模型为这一新概念的构建提供了基础。它提供了对于涉入的多维理解，从离线时的思维和动机到具体游戏实例中的涉入体验。因此，归化可以被描述为一种加强版的涉入，融合了多个维度的内化。它是一系列行动的系统性综合（动觉涉入），发生于可栖居的场域内（空间涉入），与其他代理人一起（共享涉入），有个体化或游戏预设的叙事（叙事涉入)、美学影响(情感涉入),以及游戏自身的各种规则和目标(游玩涉入)。

尽管归化由多种涉入维度互相组合而创生,但有两个特定的维度——空间和动觉——构成了归化体验的基石。如果没有它们,归化就不会发生。动觉涉入和空间涉入在内化游戏环境的过程中互相配合。玩家必须能够移动,在空间中游历,才能涉入并随之内化游戏环境的空间维度。在玩家习得在这个世界中移动之前,他们无法融入其空间维度。《反恐精英:起源》中的玩家如果不能以足够流畅的方式移动、跳跃和射击,就无法理解地图的空间布局。一旦基本控制被习得,基本的运动和互动不再需要下意识的注意力,玩家就能够更好地理解和欣赏游戏空间。

举个简单的例子,标准第一人称射击游戏采用键盘和鼠标并用的控制模式(使用A、S、D、W键控制前进、后退和左右移动,同时配合鼠标来观察和瞄准),不熟悉这一模式的玩家,甚至连最简单的路线上行进都会遇到困难。比如,新手玩家在《反恐精英:起源》的练习地图中学习操作时,往往会在通过敞开的双门时遇到很大困难。由于只有一扇门是半开的且不可动,玩家需要向前走然后同时按下W键和S

键以斜向前进，或者按W键前进并向左转动鼠标。新玩家往往会来来回回、前后左右地移动，就是进不去门。在按下单个按键时，玩家会想不到要使用两个键的组合，左手动作使角色前进，右手转动视角，这样的操作一开始会显得过于具有挑战性。在成功通过双门之前，它们会成为行动的直接障碍，影响了玩家将移动转化为内化空间的能力。由于意识集中于学习控制和导航空间的操作之上，玩家就很难进入一种归化状态。因此，空间涉入和动觉涉入维度经常互相结合，前者的内化很大程度上取决于后者的内化，从而进一步产生归化的可能性。

归化状态可能会持续一段时间，但通常倏忽而过，一旦任何一个方面需要玩家全神贯注投入注意力，便会立刻重新回到涉入的状态。如果归化状态得以持续较长时间，其强烈度也会提升。来自游戏环境之外的干扰会分散对游戏的注意力，破坏涉入感，从而削弱归化感。

这并不意味着归化状态只需要来自游戏环境的感官刺激；它也会包括自游戏环境之外输入的刺激，玩家可以将其整合进自己的游戏体验中。例如，如果你和朋友们在同一个房间玩《求生之路2》，其中一位朋友放声呼救，这个声音不一定会打破你的归化状态，因为这种呼救可以被轻易地整合进游戏环境中正在发生的事情里。事实上，呼救声很可能会加强归化感，因为它通过混合来自游戏世界和周围即时环境的刺激，更决定性地促进了游戏环境向玩家意识的同化。由于归化被理解为对周围环境的同化，而不是对另一个（another）空间的深入，因此它很容易解释把来自不同环境的刺激相混合的情形。在归化的概念中，我们不需要将游戏环境视为需要免受“现实世界”侵扰的另类空间，只要这种干扰可以被整合到游戏体验中即可。

归化和四种挑战

在第二章中，我们讨论了在试图描述我们此处所称的“归化”（incorporation）现象时所面临的四大挑战。具体来说，我们发现任何新概念都必须解决涉入（involvement）和代入（transportation）之间的区别；它必须特别作用于像数字游戏这样的遍历媒介；它必须避免技术创生论的先入之见；并且它必须解决这种体验的多维性。玩家涉入模型及其向归化概念的延展，回应了上述所有这些挑战。

首先，我们区分了玩家的涉入（involvement）和其更深度的实现方式——归化（incorporation），表明我们的方法区分了作为涉入（involvement）和作为代入（transportation）的沉浸感。玩家涉入模型描述了玩家涉入游戏的本质，将其呈现为多个维度，和从宏观到微观的不同尺度。然后，归化（incorporation）是我们为作为代入感的沉浸感所定制的术语，但是，正如我们所看到的，这一概念纳入了一种观念，即玩家不仅仅是被传送进入虚拟世界，还通过一个双向的过程，把虚拟世界植入了自己的意识之中，以此扩展了代入的基本隐喻。

我对于归化的定义和描述，排斥了其在任何非遍历媒介上的应用，例如电影或书籍。正如我们所看到的，归化要求媒介也必须明确认定玩家在虚拟世界中的在场和能动性。只有在遍历性媒介中，我们才能找到这种能动性；也只有在我们讨论过的那种虚拟环境中，这种在场才是可能的。书籍或电影无法意识到读者或观众的存在，也无法给予他们能动性，因此无法提供归化感。

然而，需要注意的是，仅仅承认玩家的存在并不足以单独构成归化本身——还必须考虑玩家的主观取向。因此，玩家涉入模型和归化能够应对技术决定论的挑战。创造归化感不仅仅是技术上的难题；玩家在塑造体验中的作用是至关重要的。

最后，归化基于玩家涉入模型的多维性质，解决了将沉浸式体验视为单一现象的问题。该模型并未将归化概念化为一种独立的体验形式，模型将其描述为游戏体验中六个广泛领域的内在交融。通过这种方式，涉入和归化不仅可以借鉴迄今为止经常使用的抽象术语进行讨论，而且可以以构成它们的具体体验维度为基础加以分析。

在实践中的归化

当回忆起游戏中令人难忘的经历时，参与我研究的大多数人都描述了一种整体性的体验，意识和环境被无缝整合，并伴随着强烈的情绪。要完全理解归化的概念，我们不能只将其视为一个术语，还必须将其视为某种实际经验。下面两个参与者所描述的归化体验的具体示例，将会证明这一点。

教堂遗迹（The Ruined Cathedral）

> 有一次我正在玩《激战》（*Guild Wars*，ArenaNet，2005）……当时我在阿斯卡隆（Ascalon）的战乱地区。我正在探索一些废墟，突然转过一个角落，眼前惊现一座巨大的教堂遗迹，它有一扇华丽的彩色玻璃窗，大部分还完好无损。我停下来凝视它。我尽可能地绕着它走了一圈，想从各个角度观看，最后站在稍高的地方，静静地看着它。我不记得当时是什么时间，但可能是临近日落时分，我发誓我几乎能感受到微风拂面，听见野生动物的声音。如果可以在现实生活中用钱买到那种体验，我会掏钱，并且愿意为此付出很多钱。那对我来说是一个值得铭记的时刻，一段我永远怀念的经历。（Rheric，《魔兽世界》）

Rheric 的描述凸显了在这种归化感的整体体验中所感受到的情绪强度。如果我们从这则逸事中移除那些虚幻之物的名称，读者可能不会明显地意识到他是在描述一段虚拟世界中的经历。Rheric 描述这一事件时，强调了栖居于某处的感觉，并且使用那些并非环境中的感官刺激来进行强化（“我几乎能感受到微风拂面，听见野生动物的声音”）。Rheric 的结语强调了这一事件对于体验的意义，以及它与非媒介性等价体验之间并非完全割裂。

Rheric 的归化经验显然根植于空间涉入和动觉涉入维度的整合。他讲述大教堂如何被发现的方式，本质上是围绕着这两个维度之间的循证关系。当Rheric在游戏环境中游历时，他会不断地将自己的空间技能转化为空间知识。要发现新空间所需的努力——在动觉维度上投入精力以深入探索空间——恰恰说明了为什么像发现大教堂这样新奇而意外的空间会如此引人注目和动人。

这次不期而遇背后的游玩维度也同时增强了这种体验。从Rheric使用“战乱”来描述这一环境，到我们对《激战》这个体系的了解，可以推断出Rheric探索的区域必定有各种形式的敌人来阻击他的出现。Rheric 的游玩涉入和动觉涉入是制订和执行策略、战术行动的结合，以规避或直面这些对手。在他发现废弃大教堂之前，Rheric 的行动不是穿越一片空旷的景观，而是在遭遇周遭的危险时找到一条求生通路。遭受袭击的风险、寻路的挑战，使玩家更加警惕和专注于环境本身。这反过来又使得与废弃大教堂的突然邂逅更有意义，充满感染力。他的战备状态与对这座美丽建筑的观赏活动相映成趣，无疑极大地增强了 Rheric 的体验。

最后，我们必须承认叙事维度在这种强烈的情感和归化体验中的作用。《激战》的预设叙事为理解这个玩家所栖居的环境提供了特定的设定和背景，不仅赋予了环境本身更深远的意义，还为玩家的即时行动创制了语境。而在Rheric 偶遇大教堂时，他的衍生传记中的情节发生了重大转折，这是非常戏剧性的一刻。他所经历的情感体验增强了衍生传记的丰富度，再一次与上述其他涉入维度相结合。

叙事涉入和空间涉入因而在衍生传记中与旅行和探索相关的方面融合。开放性探索所提供的参与通过嵌入在衍生传记中的附加意义而得到深化。正如 Rheric 的描述所示，这种探索性故事构成大型多人在线游戏中一些吸引力最强烈的时刻；事实上，许多研究参与者都兴奋地讲述了这样的故事。像Rheric 所描述的情节之所以如此扣人心弦，是因为它融合了此处所概述的五个维度，并以一种无缝的方式体现了归化的特征。

与GotR一起激战

GotR（Ghosts of the Revolution）在Emerald服务器上定期举行团队突袭，需要使用Team Speak。你应该至少体验一次他们的战斗！一个团队就有可能彻底改变战局。想象一下，十多辆魔蛛坦克（Magriders），每辆都有炮手，全部使用Team Speak 来集体行动。这将是经典的装甲突袭之夜。当他们进行团队袭击时，你会看到那些魔蛛坦克、空中支援、步兵和支援部队协同作战。有专门指定的人员在不同频道间进行交流，并协调多达八个完整的军团。有一晚他们有超过85人参与了一场突袭！真是一场盛宴。成就感爆棚，超乎我在这个游戏中见过的任何事儿。我想说，GotR 让我们能够攻占大陆！知道你与这么多人协同作业，并完成了一些本来可能不会发生的事情，

这种感觉真好。(Kumacho,《星际Online》)

Kumacho描述了一种完全不同的归化形式。在这种情形下，归化体验是通过在地理空间上互相远隔的大量人群共同协作（共享涉入和动觉涉入）来促成的，他们克服阻力以实现共同的目标（游玩涉入）。为了执行协作计划，需要参与者在游戏世界中驾驶、射击和操纵（动觉涉入）的同时，与上下级进行有效交流（共享涉入）。

当有许多人依赖你的能力来实施计划时，由动觉涉入所描述的游戏任务表现就会变得更加重要。如果其中一辆魔蛛坦克的驾驶员不断撞到树，落后于友军前进的队列，其他玩家会感到沮丧，团队行动也会因此削弱。《星际Online》中像银河空运（Galaxy）这样的大型载具能够搭乘更大规模的部队，意味着更多虚拟角色会置身危险中，因此个人技能的权重也就会更大。

根据归化状态的定义，环境中存在的其他代理人，无论是人类还是人工智能，都是栖居的重要组成部分。当共享涉入被内化时，一个人在环境中的栖居进一步通过共同栖居得到验证。对于Kumacho来说，在环境中栖居很大程度上受到人们协同作业的影响。团队共同确定的目标——夺取对手的基地，会成为环境栖居的一个纽带。在这种情况下，由于他人也在场，所栖居的空间会被共享。在某些意义上，归化感变得具有传染性。当Kumacho听到命令，要求将他和队友所在的坦克转而向西以应对迫近的威胁时，这会增强他在此地的栖居感，因为栖居是共享的。

与他人合作并为所属的集体做贡献的能力，例如Kumacho所属的GotR战队，取决于个体对游玩涉入和动觉涉入的认识。基于玩家对于周围环境的认识，玩家会开始推想如何在不需要事无巨细地进行沟通的情况下，也能与他人合作并施以援手。解读周围情境的能力依赖于对游戏规则系统的了解。这彰显出游玩涉入维度内化的程度，包括对团队和游戏系统共同塑造的目标层级的理解。

Kumacho参与的复杂行动显示出，围绕消灭突袭目标这一核心总体目标，一系列目标如何在GotR战队中被组织。在追求这样一个目标的过程中可能会出现许多问题。除了要协调大量玩家的后勤，还有来自对立阵营的挑战。因为每个玩家的技能和表现都会影响行动结果，所以地面部队和他们的领导者必须随时调整计划。但是某种情况下对于动觉维度和共享维度的需求越高，可用于规划（游玩涉入）的注意力资源就会相应越少。

正如Kumacho的描述所示，他人的存在也为更强烈的情感影响创造了更大的可能性。对于Kumacho来说，成功的团队协作所带来的动能，我们可以描述为内化的共享涉入，会导致情感冲击或者说情感涉入的加强。而对于Kumacho和GotR团队的其他成员来说，场景中既具有强烈的合作性又具有竞争性，每一方都有数百名玩家在争夺胜利，情感涉入随之变得更加强烈。如果一座要塞在四个小时的围攻下仍然久攻不破，这时一组像Kumacho的GotR战队这样紧密合作的玩家，终于设法渗透进了要塞并扭转了战局，那么，他们的壮举之所以会引发如此大的兴奋感，是因为他们影响了无论己方还是对方如此为数众多的玩家。

尽管Rheric和Kumacho的描述在性质上有很大不同，但它们都表达了归化的具体实例所能激发的感召力。归化提供了对虚拟环境中栖居现象的精细化理解，与在场和沉浸的隐喻不同，它是多维的、媒介具体化的，并且在表达上是精准的。它还具有基于稳固模型的优势，该模型描述了沿着时间轴延展的各种涉入维度，从脱机涉入，到游戏过程中的下意识关注，最终导致了各种涉入维度的结合并形成了归化现象。通过最终提出归化这一概念，我们不再需要对虚拟环境中和物理世界中的刺激进行严格划界，因为重点被放在了个体内部意识的构建上。因此，归化使我们能够超越将虚拟环境视为经验上独立的异世界的概念，而将它视为一个与媒介饱和的日常现实相联通的领域。

结　语

在进入一个全新的数字游戏的最初几个小时内，你会适应游戏的机制、物理特性和游戏规则。你踏出了在未知空间的第一步，尝试奔跑、跳跃、过弯。你试着试探角色创建的边界，并形成支配这个虚拟世界的最初策略。在一个地形元素丰富的游戏世界中，你很可能会缓慢而仔细地探索第一个区域，直到形成对世界、国家、地区或城市布局的认知地图。背景故事通过预设叙事被传递和讲述。在多人游戏中，你在聊天框输入几行文字进行第一次交流；在多人第一人称射击游戏中，你有可能听到经验丰富的玩家喊着“跟我来”，“掩护走廊”，“快，冲上去，菜鸡”。一开始一切都很混乱，但慢慢地，你学会并内化了（虚拟）世界的运行方式。后来，当你操作纯熟如同第二天性，游戏环境也成了你熟悉的空间，你会感觉自己仿佛置身于这个世界中。你逐渐习惯了自己的数字化表达形式。

这种现象可以被描述为“自愿悬置不置信感”，

通常也确实如此。然而，这样的描述可能不适用于游戏。虽然这样的比较可能会有失公正，但是当我们的参与仅限于诠释作者所给出的文本或电影剧本所提供的内容时，悬置不置信感可能更为必要；而在数字游戏中，置信感（如果这个术语仍然适用的话）是通过行动、运动、导航、交流和其他形式的互动来共同创造的。事实上，当一个人在身体、情感和想象方面都如此深入（extended）一个游戏时，会如何悬置（suspend）了不置信感呢？

悬置不置信感的概念主要作用于通过文字或图像而被激发的想象，但游戏世界的置信感是通过模拟与想象的控制回路来创造和维系的。构成游戏世界的景观、角色、对象和事件在玩家心中变得真实，不仅因为它们激发了想象力（尽管这是一个关键要素），还因为这种想象力超越了玩家的头脑，而存在于计算机生成的模拟和数字化的物化世界中。这种模拟中非常重要的部分是能够在游戏环境中行动，从而感觉自己在其中具有真实可感的在场感。当我们学会在游戏世界中行动时，我们的行为变得更加流畅、复杂；我们会开始了解环境的可供性和地形。当我们将对游戏环境的想象栖居，与在其中得到验证的位置结合在一起时，不仅仅是悬置了不置信感，还将计算机生成的世界及其内容物融入我们的意识之中。游戏环境从一个我们操纵（外部的）数字傀儡的空间，转变为与我们的日常生活密切相关的场所。对于大多数玩家来说，虚拟空间与真实空间的融合是游戏的日常。这既不是游戏成瘾的警示信号，也不代表不负责任的逃避主义（或者至少不必然如此），而是在与某些类型的数字游戏互动时所生成的体验状态的内在特征；这种状态具有某种现象学特性，其细节值得进一步考察。

启　示

本书试图重构对于数字游戏体验的诠释模式及其社会文化意义，通过重新定义媒介对象、玩家以及社会文化背景之间的关系，社会背景虽然包裹着媒介对象与玩家，但又充满了歧异性。这种三方关系挑战了一系列经典的二元对立，如游戏/非游戏、工作/娱乐和真实/虚拟，强调了玩家与虚拟环境之间的媒介互动性。通过游戏中设计的社会和文化规约，玩家们被有效地固着于这些虚拟环境中；这些规约也通过玩家在媒介化日常生活中的实践而获得。

上述问题重重的二元论也构筑了沉浸和在场这两个术语的多重概念化。这两个隐喻都被认为暗示了真实世界被虚拟世界所取代，这种非此即彼的二分法曲解了我们在日常世界中的存在方式。归化的隐喻使我们能够避免这种二元对立：它将沉浸或在场的现象表述为游戏世界在意识层面的同化，以一种与我们在现实世界中的存在相一致的方式。但这并不意味着二者完全相等，而仅仅意味着，现实的和虚拟的，是我们的现实性感知的两个方面。重要的是要区分现实的真实性及人类对此的感知。在我们关注人类对现实的感知时，正如本书中的情形，我们不应将物理现实作为一个参照的基准点，用以测度虚拟现象。虚拟实际上就是当代现实的一个关键方面。

正如本书开头所预期的那样，在有越来越多的对象和活动被归类为游戏的情况下，将游戏定义为一种独立的、具有整体性的媒介对象属类会颇具挑战性，至少在现行讨论中如此。这并不一定是障碍，只要研究人员意识到游戏家族的多样性，并且注意声明他们的研究所关注的是这一广泛家族的哪个子集。不言而喻的是，如果分析超越了模糊的一般性概括，就需要进行一定的界定。随着虚拟环境类游戏的出现，情形变得愈加棘手，因为虚拟环境中所支持的活动不容易被纳入一般性的游戏领域。因此，正如模型所显示的，不应假定每一次与我们称为游戏的对象进行交互，都会必然产生一种特定形态的精神境界，通常用玩耍（play）这个概念来表达。如果我们不将玩耍这一概念与我们当前称为游戏的媒介对象相解耦，那么对玩家涉入的准确分析仍会受到限制。

当然，任何关于玩家体验的分析模型都会存在一些未尽之处。我们来看看热拉尔·热奈特的杰作《叙事话语：一篇方法论论文》，会立刻明白，即使是最具洞察力的模型——该书基于马塞尔·普鲁斯特（Marcel Proust）极为复杂的《追忆似水年华》（*A la recherche du temps perdu*）所进行的基于文本的叙事时间分析——也需要进行修订并回应批评，后来再版为《叙事话语新探》（*Narrative Discourse Revisited*, *Genette*，1988）。这并不是说我的这本书也需要立即修订，但是需要承认，对游戏和虚拟环境进行建模确实有困难。模型是一种分析构造，就其本质而言可能缺乏足够的灵活性和普适性以充分解释复杂的现象，特别是当触及人类主观性和意识的问题时，就像本书所涉及的情况一样。所讨论的现象总会有某些方面始终难以分类和标记。这也提醒我们建构主义在后建构主义的挑战之下所经历的困境，因为后者更加关注那些会打破分类和建模本身的文本及其中的元素。

即使明晰这一切，对一个复杂现象进行尝试性建模，正如本书所讨论的，仍然是有益且必需的。这些模型可以被进一步阐述、打磨，最终修订，直到我们研究的范围超出了这些分析工具的能力。回到文学理论的例子，我们可以毫不夸张地说，后建构主义的精准分析得益于先于它而存在的建构主义和形式主义，文学文本的演变也推动了这种分析的必要性。我认为游戏及其分析尚未达到文本的那种复杂度。因此，本书是我个人迈出的第一步——无疑存在缺陷，但对于游戏批评所处的当前阶段来说，仍然是至关重要的——以求朝向更加完善和精细的建模。本书是对迄今为止描述玩家涉入和沉浸的概念和模型的一种优化尝试。

创生世界的想象

数字游戏拉近了设计团队与游玩体验之间的关

系，包括群体社会、文化、美学和技术方面。在多人游戏和虚拟世界中，由于其他玩家的参与影响了彼此对游戏环境的主观体验，这种关系变得日益复杂。而在受限的方面，AI 的行为模式用以调节设计师预期或期望玩家体验的内容，即使人类玩家才是这种体验中各种参数的描述者：比如游戏的背景、氛围、角色、物理规则、游戏规则、节奏等。

虚拟世界一直以来都被精心设计，以诱使我们栖居其间。从通过图像和口头传播向临近社群分享我们的想象世界，发展到通过书写和后来的印刷将这些幻想世界传播到更遥远的远方。机械技术使得为这些世界创造运动图像成为可能。随着网络化数字技术的出现，我们现在能够模拟这些世界并随时在全球范围内分享。今天，我们能够栖居在彼此创造的世界中，也同时见证他人栖居于我们创造的世界中。正如本书所展示的，虚拟世界能够提供的体验种类丰富多样，唯一的限制因素就是设计者的创意和所能调用的资源。因此，虚拟世界的栖居感呈现出多种形式，迎合各种品位。从与朋友们一起观赏绝美日落的宁静之悦，到在第一人称射击比赛中对决时的肾上腺素飙升，或者驾驶高速飞行的喷气式飞机穿越峡谷的惊险刺激，归化是一种对设计者、消费者和技术专家都同样具有吸引力的体验。归化也日益成为人们竞相追逐的体验，虚拟游戏环境是最容易提供这种体验的地方。此类媒介对象数量和种类的激增，充分彰显出面对人类复杂的需求和兴趣，这些模拟能够与之交互并最终使其获得满足。

附　录　两个世界的故事

本附录会简要介绍《魔兽世界》(暴雪娱乐公司，2004)和《星际Online》(索尼在线娱乐，2003)这两个我研究的参与者们所栖居的世界，以照顾那些没有亲自体验过这些游戏的读者。这些描写旨在突出这两个世界的特定特征，并向不熟悉大型多人在线游戏(MMOGs)的读者提供两种流派的概述：大型多人在线角色扮演游戏(MMORPGs)，即《魔兽世界》类，以及大型多人在线第一人称射击游戏(MMOFPS)，即《星际Online》类。接下来的部分我将讨论这些属类，以及这两款游戏的空间和地理设计。

属　类

虽然这两款游戏都属于广义的大型多人在线游戏范畴，但更具体地说，《魔兽世界》是一款大型多人在线角色扮演游戏，而《星际Online》则是一款大型多人在线第一人称射击游戏。在大型多人在线角色扮演游戏中，角色扮演这个标签可能会对那些熟悉纸笔游戏变体的人产生一些误导，例如《龙与地下城》（*Dungeons and Dragons*，大卫·阿内森和加里·吉盖克斯，1974），在这类游戏中，玩家们通过口头交流和肢体动作等方式来扮演角色。玩家可以通过语调、口音和手势的变化来扮演角色内外的言行，因此玩这些桌面角色扮演游戏意味着对所扮演的角色进行全方位的演绎（Fine，1983；Mackay，2001）。出于各种原因，绝大多数大型多人在线角色扮演游戏玩家并不会把角色代入自己的行为，只有那些专门支持角色扮演的虚拟世界，通常被称为RP服务器（role-playing servers），其中的玩家才会这样做。大多数大型多人在线角色扮演游戏与其他游戏的区别不在于要求玩家扮演虚拟人物或角色，而是它们拥有更广泛的世界类型，而不像大型多人在线第一人称射击游戏和大型多人在线实时战略游戏（MMORTS）只拥有特定类型的世界设定，同时它们也借鉴了其前身纸笔游戏的机制。

MMOFPS与MMORPGs有很多相似之处，但它们的核心在于通常需要第一人称视角的实时操作。目前，将MMOFPS与MMORPGs相区别的主要特征是其战斗系统。顾名思义，MMOFPS通常设定在适合远程对战的环境中，例如《第二次世界大战Online》(*World War II Online*，Corner Rat Software and Playnet，2001)、《人类的面孔》(*Face of Mankind*，Duplex Systems，2006)、《星际Online》或即将推出的《HUXLEY》(Webzen，即将推出)。相比于MMORPGs和MMORTS而言，MMOFPS的游戏机制倾向于更多基于即时反应(twitch)的技能，玩家需要更迅捷的手眼协调和更高的反应速度。

另一方面，MMOFPS也可以通过支援职业的形式容纳非竞斗型玩家，比如医疗兵、工程师和运输司机等。它们也可能包括角色进阶、职业，以及任务或与MMORPGs类似的副本。就MMORPGs而言，它们通常可以以第一人称视角游玩，也会涉及实时战斗。这两者之间的差异并不是一成不变的，但往往取决于游戏的背景设定：可用枪支越多，游戏更有可能被视为MMOFPS。

地　图

《魔兽世界》设定在名为艾泽拉斯的奇幻世界中，这是一个包含 96 个区域、分布在两大洲上的地图。每个区域要么由联盟或者部落控制，要么是争议地区（contested area），两大派系各有定居点分布其中。各个区域拥有独特的美学风格和鲜明的配色。这种独特性增强了探索时的新奇感。然而，从一个区域到另一个区域的过渡往往显得异常突兀，在一片不过几平方米的土地上，戏剧性地融合了两个地区的配色。玩家们并不会认为这种模拟真实感的缺乏有多糟糕，实际上，它似乎成了一个区分各个领域的有效机制，并使世界感觉上比实际更广阔。

我的研究对象似乎并未对世界缺乏地理一致性感到困扰。地理学的基本原则被抛之脑后，郁郁葱葱的羽月要塞地区与草木荒凉的凄凉之地沙漠仅相隔数百米。通过查看《魔兽世界》的谷歌地图（World of Warcraft Map，2006），可以清晰地看到艾泽拉斯拼布般的地形。与《黑暗与光明》（*Dark and Light*，NP

Cube，2006）这类大型多人在线游戏中遵循地形微妙变化的地理原则不同，暴雪娱乐公司选择了审美实施的一致性而非科学现实主义。暴雪娱乐还巧妙地利用各种方式来创造不可逾越的边界，如山脉、森林、城墙和海岸，引导玩家沿着预设的路径前行。这也使得各个地区看起来比实际更大，因为道路似乎比可通行的地形延伸得更远。这些技巧在数字游戏环境中非常常见，比如一个城市看起来似乎延伸至很远的地方，但实际可访问的区域只有几条街道，就像《半条命 2》中一样。

在《星际Online》的世界中，奥拉西斯星球由 10 个大陆和 5 个洞穴组成。每个大陆都有特定的地形主题和天气周期，但景观在视觉上却是一致的，除了天气效果，环境声音的差别可以忽略不计。参与者们评论说，即便是他们已经连续玩了一年以上，仍然难以区分这些大陆。尽管每个大陆的地形和气候都不同，但它们之间的视觉差异并不像艾泽拉斯的地区之间那样显著。相比于艾泽拉斯，奥拉西斯美感匮乏，几乎没有令人记忆深刻的特质可供探索。缺乏基于人工智能的代理，更使得没有玩家的地区显得极度荒芜。除了塔楼和设施，《星际Online》中没有城市区域，而这是大多数玩家都会期待在游戏世界中看到的元素。

《星际Online》中除了起始派系的大陆避难所没有安全区。与《魔兽世界》不同，《星际Online》中的世界没有市场、拍卖行、酒馆等和平的社交场所。因此，社交活动局限于与团队成员的合作，很少发生像《魔兽世界》里的城市中心经常出现的朋友聚会或者拍卖行类的社交活动。在《星际Online》中，缺乏社交空间也可以归因于物品都是从装备终端获得的，没有给一种持续的、玩家驱动的经济预留余地。与之相反，《魔兽世界》中物品的供求在某些区域创造出一种市场的感觉，玩家们在交易频道上宣传他们的货品，并且需要接触买家或者卖家来确保交易进行。地理上的接触是很重要的，因为一对一的交易通常比在拍卖行进行更有优势，特别是在需要先人一步捡漏，或者当下就需要特定的物品或材料时。此外，《星际Online》之所以缺乏社交空间，也因其快节奏的动作和普遍存在的玩家对战（PvP）。玩家们需要随时保持警惕，因为无法预知对方派系何时发起突然袭击或者渗透任务。自然而然，《星际Online》吸引了更多偏好动作的玩家，社交活动通常限于团队聊天频道，或者就是专指即时战术行动中的协作。

传　说

《魔兽世界》的背景故事基于家喻户晓的“魔兽争霸”（*Warcraft*）三部曲即时战略游戏。广泛流行的前作使得许多之前玩过这些游戏并熟悉其中设定的玩家能够轻松代入这个世界观。然而，地理、历史和神话的深度远不如文学和桌面游戏中的世界那般细腻，像托尔金的中土世界或格林伍德的被遗忘的国度[①]。暴雪娱乐的世界似乎有恰到好处够用的传说来吸引那些对它感兴趣的人，但没有展示出衍生世界的纵深和长线进化，正如一些奇幻文学或者纸笔角色扮演游戏一般。这与传说的传承有很大关系，因为最初的《魔兽争霸》游戏在一个泛型的环境中让兽人与人类对战，这种设定不利于产生衍生世界：

我感到很好奇，但我不会特意去了解很多背

① 被遗忘的国度是游戏《龙与地下城》及其衍生作品中的故事背景，由游戏设计者艾德·格林伍德（Ed Greenwood）所创造。采用了高度奇幻风格的设定，整个世界建构在一颗被称作“艾伯尔-托瑞尔”（通常简称“托瑞尔”）的行星上。因为其资料丰富、设定完整，而成为RPG 史上颇负盛名的一个架空世界。——译者注

景。兽人对抗人类；《魔兽世界》试图加入一些故事背景，但它们非常稀疏，你真正能感觉到的寥寥无几。一些任务附带了有趣的小故事，但整体上游戏主题有点弱。新任务来了，我读了任务描述，试图理解所需做的事情。现在，我点击一下接受按钮，达到任务的最低要求来获取奖励。（Haelvon，《星际Online》）

Haelvon对于传说的态度在研究的参与者中比较普遍，游戏并不要求玩家完全参与到世界的传说中才能继续游戏或融入社会，也加剧了玩家兴趣的匮乏。大多数参与者认为这种传说的丰富度不足以吸引他们的注意力。因为任务文本中所讲述的故事可以被完全忽略，也不会影响任务的进展，进一步加剧了对游戏预设叙事的矛盾心理："我甚至不读任务说明……只是看看完成需要什么。这些故事缺乏真实性，不会真正打动我，或者让我产生兴趣。我认为是否了解、按照剧情，真的没有任何区别。"（Nombril，《魔兽世界》）

与《魔兽世界》设定在中世纪、剑与魔法风格的幻想世界不同，《星际Online》设定在一个经历了灾变的未来主义太空殖民时代。一群人类被困在奥拉西斯星球上。他们与地球联邦（Terran Empire）断绝了联系而分裂成三个派系：地球联邦[①]、新联邦（New Conglomerate）和瓦努主权国（Vanu Sovereignty）。玩家必须向这三个派系之一宣誓效忠，并参与到与另外两个派系永不停息的对抗战中。

克隆世界

《魔兽世界》中的艾泽拉斯存在于全球数千个服务器上。每个新角色都创建于特定的服务器上。每个服务器运行艾泽拉斯的一个克隆版本，在时间推移中发展出自己独特的社会和经济史。这数千个艾泽拉斯克隆按地理区域划分为：美洲、澳大利亚、欧洲和亚洲。一旦一名玩家在上述地区中的某一个购买了《魔兽世界》应用，他们就被限制在该区域的服务器上游玩。因此，希望与远方的朋友一起游玩的玩家，可能会发现在《魔兽世界》中相聚并不可能。正如一些参与者所指出的那样，他们选择留在特定的虚拟世界

① 此处为原书笔误，应为地球共和国。——译者注

中，或迁移至新的虚拟世界的原因之一，是为了在迁居其他大陆时能保持与其他玩家的联系：

> 我换过很多次游戏，以便与之前一起玩的人保持联系。即使我们搬到了英国，我依然继续与之前一起玩的人玩。虽然我们不用非得“抛下”那些朋友，但我觉得如果真的不得不这样做的话，我会在新的国家和陌生的环境中感到失落，更加“孤独”！大约四年的时间里，我一直与一群朋友一起玩，我们几乎一直在一起，大家分散在美国和加拿大各地。目前我们一起玩过三种不同的在线游戏（《星球大战：银河》《魔兽世界》，现在是《龙与地下城Online》）。尽管我们主要在游戏中保持联系，但也通过电子邮件、即时通信和语音聊天沟通过，尽管我们彼此素未谋面。（Ananke,《魔兽世界》）

《星际Online》中的奥拉西斯只运行在三个克隆服务器上：一个在美国西海岸，一个在东海岸，还有一个在欧洲。也没有对于玩家可以登录哪些服务器的地区限制。

自定义

在《魔兽世界》中，玩家选择种族和角色职业，为其取名，可以改变角色的外观。然而，《魔兽世界》的角色定制比其他大型多人在线角色扮演游戏要较为受限。除了一些选项，如改变角色的发型、肤色和脸型，玩家几乎无法使角色的形象变得更加有个性。所有受访者都对此有所评论，主要是非议。创造特型角色的能力对玩家而言显然非常重要，而《魔兽世界》在这方面显得有些不足："角色定制性很有限。没有足够的选项能使你的角色与他人的有所不同。没有办法让你的角色自成风格……除了名字和装备，一名 60 级的满级盗贼与一名普通盗贼有什么区别？匕首流派、剑流派，真垃圾！"（Inauro,《魔兽世界》）

正如Inauro所指出的，《魔兽世界》中区分角色的一种方式是通过获取稀有的服饰、护甲和其他物品。《魔兽世界》在许多方面传达了这样一种观念：你拥有的东西决定了你是谁。与他人的区别并不取决于个人的创造力，而是取决于在游戏中爆肝的时长以积累财富和物品，或者通过氪金购买《魔兽世界》中的金币和其他物品。在《魔兽世界》中，你的装备直接决定了你的形象。

《星际Online》在角色定制方面比《魔兽世界》更缺乏自由度。可以对预设角色进行的唯一更改是角色的面部特征、发型和头部形状。否则，所有玩家都会看起来和阵营中的其他玩家完全一样。然而，随着角色的进化，可能的技能组合使角色的构成和玩法风格更加多样化。与大多数大型多人在线游戏不同，《星际Online》中没有职业。每个角色都由玩家所选择的技能和在游戏过程中如何组合这些技能来定义。一些技能组合会提升执行某个行动的机会，也有一些赋予角色原本无法获取的全新能力。

机　制

虽然《星际Online》允许玩家连接其三个服务器中的任何一个，但相比于《魔兽世界》，如果玩家距离游戏服务器较远会造成更大的问题。地理距离和网络连接质量决定了玩家与服务器之间的延迟。在《魔兽世界》中，300毫秒的延迟不会造成很大的功能性差异，因为角色的行动由按键触发的动作序列组成，这些按键会被加入服务器序列，并按顺序在游戏中实施。然而，在《星际Online》中，行动是实时执行的。如果服务器响应时间稍有延迟，你可能就会去射击那些半秒钟前就已经不在那里的东西，导致无法命中。在《魔兽世界》中，一旦玩家命令角色攻击敌人，角色将自动跟随目标，因此如果由于延迟，敌人并不在他们看上去应该在的位置，而你的角色也不在那里，并且已经追着敌人执行了攻击命令。实际上，当网络拥堵发生时，屏幕可能会卡死，但你的角色仍然会执行已经在队列中的攻击序列。这样，《魔兽世界》中的角色可以预留一定数量的命令，依序执行而不受玩家的注意力或输入的影响。在《星际Online》中，角色与玩家的输入更为强关联，不会执行任何自动动作。为了凸显这一重要区别，让我们在这两个世界中分别设想一个类似的情况。

在游戏中，玩家正在夜晚的密林中游荡。黑暗使玩家（角色可能也是）更难看到潜伏在远处的东西。《魔兽世界》和《星际Online》的玩家都会小心谨慎地寻找四周隐藏的敌人。《星际Online》中角色和玩家对环境的感知更加有一致性。如果玩家看不到敌人，角色也看不到。如果玩家没有注意到一道身影在左侧的树间跑动，角色也看不到。在《魔兽世界》中，玩家可以反复按Tab键来锁定附近的敌人。角色可以瞄准一个玩家看不到的生物，甚至可以攻击目标（如果它没有移动出射程）。玩家只需按下正确的命令按钮，角色就会执行动作。相比之下，在《星际Online》中，玩家需要看到目标，对准准星，并点击鼠标来射击。

所有《魔兽世界》的参与者都表示，他们会选择第三人称视角来玩游戏，以拥有比角色更广阔的视野，包括角色无法看到的后方等区域。而在《星际Online》的受访者中，大家一致认为只能通过第一人称视角来玩游戏，尽管第三人称视角也是可用的。因为玩家需要自己瞄准或操作对象，而不是让角色为他们瞄准或执行动作。

因此，环境中的微小变化对《星际Online》玩家的影响远比《魔兽世界》玩家大得多。雨越大，视线越模糊，越便于穿侦察兵服的角色保持隐蔽，但对于远距离射击的角色来说，标记目标则更为困难。光线的有无也会带来类似的问题。在《星际Online》中，善用掩体和高度差变得至关重要，而在《魔兽世界》

中，唯一需要考虑的地形因素是与电脑或玩家控制的目标之间的距离，以及可通行、不可通行的区域。

像大多数大型多人在线角色扮演游戏一样，《魔兽世界》采用基于等级的结构。每个实体、物品和位置都被分配一个等级值。角色通过完成任务、击杀怪物以及参与专门划定的玩家对战玩家（PvP）的区域，即战场，来获得更高的等级，这些战场只作为副本小游戏存在于世界中，而不是永久性的部分[①]。角色与被击败的实体之间的等级差越大，获得的经验值（XP）就越多。当角色探索新区域时，也会获得一定数量的经验值奖励，尽管这并不足以让探索成为升级角色的特定动机。物品和技能需要达到最低等级才能使用，更高效的交通方式也是如此。

世界中的每个区域都栖息着某些特定级别的实体。这些实体（通常称为怪mobs，是主动怪mobiles的缩写）会在玩家进入一定半径范围内时对其发动攻击，这一范围的大小取决于角色和实体之间的级别差异。

① 副本是专门为某个组而创建的区域，组外的玩家无法进入。对于战场而言，玩家通过与相应的非玩家角色（NPC）交谈来报名。当每个阵营（部落和联盟）有足够多的角色报名后，角色就会被传送到副本中，游戏开始。副本结束时，它们被传送回世界上的一个指定区域。在副本进行时，角色不能自由漫游。

级别差异越有利于该实体[①]，它们对玩家发动攻击的范围就越大。在《魔兽世界》中，无论玩家有多么熟练，试图打败比自己高 8—10 级或更多级别的怪或者玩家，几乎是不可能的。角色的级别与她在游戏世界中自由行动的能力，以及她对低级角色的权力优势之间存在密切关系。因此，玩家们需要在角色身上投入时间，如果他们希望毫发无损地体验更广大的世界。

《魔兽世界》中的任务通常相当简单粗暴。玩家一般会被要求将某物送给某人，杀死X 数量的生物，或者从它们的尸体上找到Y 件物品。游戏中散布了一些更有趣的任务，但大多数都具有简单的结构。正如参与者所评论的，通常不必阅读任务的文本。玩家们只需要一个目标、一个数量和一个坐标。正如大多数参与者所证实的那样，任务中呈现的叙事以及整个世界的背景常常被忽视，玩家们从功能的角度处理任务。对任务的这种功能性视角直接源于系统要求角色必须获取经验、提升等级，对效率的奖励要胜过创造力。为了提高效率，大多数玩家都会通过使用一些外部网站，上面有其他玩家发布的相关任务信息，来加

① 怪是在大型多人在线游戏中出现的由计算机控制的角色，通常玩家可以杀死它们以换取经验值。

快任务进程。在这些网站所提供的帮助中，最常见的形式是地图坐标，显示任务物品或怪的位置。使用这类外部资源所提供的帮助被大多数玩家视为游戏本身可接受的部分。玩家会把他们对这些网站的使用合理化，因为大多数任务结构简单重复，并且在完成它们时不会产出任何满足感。尽管大多数大型多人在线角色扮演游戏都有某种级别结构，但这些等级对在游戏世界中的行动力所产生的总体影响程度各不相同。《魔兽世界》极为强调通过等级来定义角色。在PvP 服务器上，远低于攻击者级别的角色几乎没有一战的机会，还可能会导致一些杀小号行为。恶意杀小号（Griefing）是指一个高级角色杀死另一个级别较低的角色，后者几乎没有存活的可能性，而通常就像在《魔兽世界》中一样，这种行为不会获得任何奖励。一些虐杀者还会继续守尸（corpse camp），即待在受害者尸体周围，以便在他们复活时再次将其击杀。如果受害者的帮派不做干预，虐杀者可以通过在受害者复活后立即杀死他们来阻止他们复活，从而无限期地将其封堵在游戏世界之外。尽管没有针对这些行为的严格规定，一些玩家声称这些行为本来就是他们的权利，这也是在PvP 机制中的一部分，但恶意杀小号和守尸在游戏社群中并不会受到推崇。

《星际Online》的角色成长系统同样基于等级，但与《魔兽世界》不同的是，达到新的等级并不会改变角色的属性、技能或能力。只意味着角色获得更多点数，可以分配给特定的武器类别或职业熟练度，如黑客、医疗兵或工程师。角色的等级越高，可获得的技能、载具和武器类别（称为执照certifications）就越多。一个起始角色也许能使用三种类型的武器，能骑自行车；而一个高级角色可能能使用八种武器，操控坦克和飞机，并且能够对自己和他人使用医疗设备。

然而，低级角色仍然可以与高级角色竞争或合作，只要时机恰当，并且她拥有战术和技能。《星际Online》中的进阶机制带来了更加灵活的能力构成，而《魔兽世界》中角色的等级决定了她可以加入哪些团体，以及她掌握多少绝对力量。在《星际Online》中，无论一名角色有多强大和熟练，一大群新手角色通常也可以通过人数上的优势击败她。这是一个对所有人来说都危机四伏的世界：队友之间的争端可能会引发决斗，而看似最平静的陆地上也可能埋伏着敌人。

与《魔兽世界》不同，《星际Online》的玩家不会为他们的角色选择特定的种族或职业。相反，他们的能力取决于选择的执照组合及指挥经验的进阶，通过领导小队和军团来完成积累。尽管《星际Online》可能看起来更加有战斗导向，《魔兽世界》中的角色本质上也都是具备不同能力的战士。在《星际Online》中，角色可以是纯粹的非战斗人员，可以专注于工程师、医疗兵、黑客或驾驶员等职业。工程师修理车辆、飞行器、炮塔和其他设施设备。医疗兵为受伤的步兵恢复失去的生命值，使倒下的同伴复活。黑客对于夺取设施和塔楼至关重要，还可以黑掉敌方的车辆和终端，通过战术操纵扭转战局。驾驶员可以选择陆地、海洋和空中载具的组合，他们通常专注于能够进行空中进攻和其他战术策略的大规模运输车辆。玩家可以选择任意组合的技能，但通常情况下，专注于支援角色的人只能使用种类有限的武器，因为他们的执照点数需要被重点用于主要技能。

与《魔兽世界》不同，《星际Online》通过给予支援角色支援经验点以及战斗经验点的部分份额（在《星际Online》中更通用的经验点）来奖励他们，这些经验点来自治疗、修复或驾驶单位的累积。这种经验值系统会激励玩家与非小队和军团的战友进行合作。多种可能的组合方式扩展了团队合作的范围和需求，因为玩家创建的战术任务通常需要一定数量的专业角色，缺少这些角色将使团队失能。例如，在《魔兽世界》中，虽然有名为“盗贼”的角色专门负责探测陷阱和开锁，但没有任务需要用到他们的专业技能；而在《星际Online》中，对敌方设施的破坏任务需要来自黑客的技能。无论其他角色的火力和战斗技能有多强，都无法替代这一角色。因此，《星际Online》为不同专业的人物赋予了更加具有功能性的角色，使玩家对自己所属的小队和军团感到更强烈的能动性和归属感：

> 我喜欢对他人有所帮助，因此我会选择可以让我在战术上更能发挥作用的执照。首先，我积极参与指挥军团单位。《星际Online》的战术性相当独特。为了履行这一职责，我得保证我能够驾驶运输飞机重新部署部队，进行工程修复，建立防御工事，以及使用潜入套装/鬼魂组合以便快速移动且不被察觉。这样我就能够为我的部队提供反馈，并与其他指挥者协同攻击。（Baal，《星际Online》）

《星际Online》和《魔兽世界》的另一个主要区别

体现在事件的范围和多样性上。《星际Online》是一个更加开放的世界，没有任何结构化的任务或人工智能实体。世界的事件完全由玩家塑造，会导致各种变化和无法预测的情况，这些情况无法被个别玩家甚至更高级的指挥者所预见。这当然优点与缺点并存。玩家生成事件这一本质，往往会创造出不平衡的局面。驻守一个军事设施，面对五倍于守军的敌军，这种情况并不少见。但这也是这些事件的乐趣所在：目标并不一定是赢得战斗，而是御敌，或者其他由参与者所决定的目标。

防御设施难免会被攻陷，但拼尽全力的防守正使玩家乐在其中；否则他们就会直接放弃这看似不可能完成的任务。《星际Online》非常注重大规模协作，这个世界能让全球玩家进行大规模战斗，参与者们也很看重这种吸引力。

《星际Online》

《魔兽世界》通过其严密的剧本和限制性设计将不可预测的情况最小化，而《星际Online》则提供游戏机制、规则和无人区，让玩家创造自己的事件，从而提供更开放的体验。在某些情况下，《星际Online》中的这种缺乏管控可能导致玩家颇感挫败而萌生退意的情况，因为玩家在这个世界想取得任何成就，都完全依赖于他人的在场。相比之下，《魔兽世界》为独行侠提供了更大的空间，包括任务、制造和通过拍卖行获取经济利益。如此而言，《魔兽世界》并未给予玩家太多的空间，让他们可以自觉改变游戏世界。怪在同一地点重生，非玩家角色（NPC）[1] 日复一日地提供着相同的任务，刚在某处收集或开掘的资源，几分钟后又会再次刷新。《星际Online》能给予玩家更强的自主性，他们可以通过自己的努力改变战斗的走向，尤其当这些努力是协同战斗，并得到有效执行时：

> 我曾经服役于D2A战队（《星际Online》中的一支名为“Death to All outfit”的队伍），当时游戏有四个服务器：东海岸和西海岸各两个。他们组织得井井有条，现在我对这个团队有一种特殊

① 非玩家角色（Non-player character）是源自桌面角色扮演游戏的一个术语，指的是由游戏主持人（Game Master）扮演的游戏角色。在大型多人在线游戏（MMOGs）的背景下，非玩家角色是由计算机控制的代理，具有一定程度的叙事延展。

的归属感。

以前会要求必须使用Teamspeak（一种允许玩家组之间同步语音通话的语音IP程序）。如果你想看到一个真正组织有序的队伍，可以在Emerald服务器上选择瓦努主权国（Vanu Sovereignty）阵营，然后加入GotR（Ghosts of the Revolution）战队。他们定期进行使用Teamspeak的突袭。你应该至少体验一次！仅凭这一个团队就能完全改变战斗的形势。（Kumacho，《星际Online》）

很难想象《魔兽世界》中有类似的情境，能像Kumacho描述的那样洋溢着改变世界的兴奋感。即使在PvP服务器上，其中一个阵营占领敌对势力的前哨站或村庄，NPC也会不断重生，很难长时间占领。即使成功占领，也不会有任何游戏内的奖励或优势：当侵略者离开这个地区，它就会恢复先前的状态，仿佛什么也没有发生过。在《星际Online》中，占领整片大陆会极大地阻碍其他派系重返该地区，因为没有重生点，也没有占领者那种互相连接的设施所赋予的累积优势。

尽管这两个世界已经存在了一段时间，在撰写本书时，它们都仍然是某种类型游戏的经典原型：《魔兽世界》代表大型多人在线角色扮演游戏，《星际Online》代表大型多人在线第一人称射击游戏。它们涵盖了多种其他游戏类别的各种游戏形式，并增加了大规模多人在线的元素。因此，它们已被证明是研究和开发一个全新的玩家涉入模型的绝佳场所。当未来的研究者将该模型应用到其他游戏类型时，将会基于这两个世界所提供的坚实基础而进行更新和扩展。

参考文献

[1] Aarseth, Espen. 1997. *Cybertext: Perspectives on Ergodic Literature*. Baltimore: Johns Hopkins University Press.

[2] Aarseth, Espen. 2004. Genre Trouble. In *First Person: New Media as Story*, *Performance*, *and Game*, ed. N. Wardrip-Fruin and P. Harrigan. Cambridge, MA: MIT Press.

[3] Aarseth, Espen. 2005. From Hunt the Wumpus to Everquest: Introduction to Quest Theory. Paper read at the International Conference on Entertainment Computing 2005, Sanda, Japan.

[4] Babic, Edvin. 2007. On the Liberation of Space in Computer Games. *Eludamos: Journal for Computer Game Culture* 1(1). http://www.eludamos.org/index.php/ eludamos/article/viewPDFInterstitial/4/5(accessed February 6,2010).

[5] Baddeley, Alan, and Graham Hitch. 1994. Development in the Concept of Working Memory. Neuropsy-

chology 8(4): 485-493.

[6] Bal, Mieke. 1997. *Narratology: Introduction to the Theory of Narrative*. Toronto: University of Toronto Press.

[7] Bay, Michael. 2001. Pearl Harbor. Jerry Bruckheimer Films & Touchstone Pictures. Film.

[8] Bazin, André. 1967. *What Is Cinema? Essays*. Berkeley: University of California Press.

[9] Bell, John, and Zhisheng Huang. 1997. Dynamic Goal Hierarchies. In *Intelligent Agent Systems: Theoretical and Practical Issues*. Berlin: Springer.

[10] Björk, Staffan, and Jussi Holopainen. 2005. *Patterns in Game Design*. Hingham, MA: Charles River Media.

[11] Bolter, J. David, and Richard Grusin. 1999. *Remediation: Understanding New Media*. Cambridge, MA: MIT Press.

[12] Borges, Jorge Luis. 1972. *Labyrinths: Selected Stories and Other Writings*. Harmondsworth: Penguin.

[13] Brown, Emily, and Paul Cairns. 2004. A Grounded Investigation of Immersion in Games. Paper read at CHI [Conference on Human Factors in Computing Systems] 2004, Vienna.

[14] Bryant, Jennings, and John Davies. 2006. Selective Exposure to Video Games. In *Playing Video Games: Motives, Responses, and Consequences*, ed. P. Vorderer and J. Bryant. Mahwah, NJ: Lawrence Erlbaum Associates.

[15] Caillois, Roger. 1962. *Man, Play and Games*. London: Thames and Hudson.

[16] Cairns, Paul, Anna Cox, Nadia Berthouze, Samira Dhoparee, and Charlene Jennett. 2006. Quantifying the Experience of Immersion in Games. Paper read at Cognitive Science of Games and Gameplay workshop, Vancouver.

[17] Calo, M. Ryan. 2010. People Can Be So Fake: A New Dimension to Privacy and Technology Scholarship. *Penn State Law Review* 114 (3): 2-50.

[18] Carr, Diane. 2006. Play and Pleasure in Computer Games. In Text, Narrative and Play, ed. D. Carr, A. Burn, D. Buckingham, and G. Schott. Cambridge: Polity Press.

[19] Castronova, Edward. 2005. *Synthetic Worlds: The Business and Culture of Online Games.* Chicago: University of Chicago Press.

[20] Chatman, Seymour. 1978. *Story and Discourse: Narrative Structure in Fiction and Film.* Ithaca: Cornell University Press.

[21] Copier, Marinka. 2007. Beyond the Magic Circle: A Network Perspective on Role-Play in Online Games. PhD diss., Utrecht University.

[22] Crawford, Chris. 2003. *Chris Crawford on Game Design*. Indianapolis: New Riders.

[23] Culler, Jonathan. 1981. *The Pursuit of Signs: Semiotics, Literature, Deconstruction*. Ithaca: Cornell University Press.

[24] Damasio, Antonio. 2000. *The Feeling of What Happens: Body, Emotion and the Making of Consciousness*. New ed. London: Vintage.

[25] Deleuze, Gilles, and Félix Guattari. 1987. *A Thousand Plateaus: Capitalism and Schizophrenia*. Minneapolis: University of Minnesota Press.

[26] Dennett, Daniel C. 1991. *Consciousness Explained*. Boston: Little, Brown.

[27] Dibbell, Julian. 2006. *Play Money: Or, How I Quit My Day Job and Made Millions Trading Virtual Loot*. New York: Basic.

[28] Douglas, J. Yellowlees, and Andrew Hargadon. 2001. The Pleasures of Immersion and Engagement: Schemas, Scripts and the Fifth Business. *Digital Creativity* 12 (3): 153-

166.

[29] Dovey, Jon, and Helen W. Kennedy. 2006. *Game Cultures: Computer Games as New Media.* Berkshire: Open University Press.

[30] Egenfeldt-Nielsen, Simon, Jonas Heide Smith, and Susana Pajares Tosca. 2008. *Understanding Video Games: The Essential Introduction*. London: Routledge.

[31] Ehrmann, Jacques. 1968. Homo Ludens Revisited. *Yale French Studies* 41: 31-57.

[32] Ermi, Laura, and Frans Mayra. 2005. Fundamental Components of the Gameplay Experience: Analyzing Immersion. Paper read at DIGRA 2005: Changing Views: Worlds in Play, Vancouver.

[33] Eskelinen, Marrku. 2004. Towards Computer Game Studies. In *First Person: New Media as Story, Performance, and Game*, ed. N. Wardrip-Fruin and P. Harrigan. Cambridge, MA: MIT Press.

[34] Evans, Andrew. 2001. *This Virtual Life: Escapism in the Media*. London: Vision.

[35] Fan, Jin, Bruce D. McCandliss, Tobias Sommer, Amir Raz, and I. Michael Posner. 2002. Testing the Efficiency and Independence of Attentional Networks. *Journal of*

Cognitive Neuroscience 14 (3): 340-347.

[36] Fernandez-Vara, Clara. 2007. Labyrinth and Maze: Videogame Navigation Challenges. In *Space Time Play: Computer Games, Architecture and Urbanism: The Next Level*, ed. F. v. Borries, S. P. Walz, and M. Bottger. Basel and Boston: Birkhäuser.

[37] Fine, Gary Alan. 1983. *Shared Fantasy: Role-Playing Games as Social Worlds*. Chicago: University of Chicago Press.

[38] Genette, Gérard. 1980. *Narrative Discourse: An Essay in Method*. Ithaca: Cornell University Press.

[39] Genette, Gérard. 1988. *Narrative Discourse Revisited*. Ithaca: Cornell University Press.

[40] Gerhard, Michael, David Moore, and Dave Hobbs. 2004. Embodiment and Copresence in Collaborative Interfaces. *International Journal of Human-Computer Studies* 61 (4): 453-480.

[41] Giddens, Anthony. 1984. *The Constitution of Society: Outline of the Theory of Structuration*. Cambridge: Polity Press.

[42] Golledge, Reginald, and Tommy Garling. 2004. Cognitive Maps and Urban Travel. In *Handbook of Transport*

Geography, ed. D. Hensher, K. Button, K. Haynes, and P. Stopher. Oxford: Elsevier.

[43] Grau, Oliver. 2003. *Virtual Art: From Illusion to Immersion*. Cambridge, MA: MIT Press.

[44] Grodal, Torben. 2000. Video Games and the Pleasures of Control. In *Media Entertainment: The Psychology of Its Appeal*, ed. D. Zillmann and P. Vorderer. Mahwah, NJ: Lawrence Erlbaum Associates.

[45] Gysbers, Andre, Christoph Klimmt, Tilo Hartmann, Andreas Nosper, and Peter Vorderer. 2004. Exploring the Book Problem: Text, Design, Mental Representations of Space and Spatial Presence. Paper read at the 7th Annual International Workshop on Presence, Valencia.

[46] Heide Smith, Jonas. 2007. Tragedies of the Ludic Commons: Understanding Cooperation in Multiplayer Games. *Game Studies* 7 (1).

[47] Heidegger, Martin. 1993 [1977] . *The Question Concerning Technology and Other Essays.* New York: Harper & Row.

[48] Held, Richard, and Nathaniel Durlach. 1992. Telepresence. *Presence* (Cambridge, MA) 1 (1): 109-112.

[49] Houser-Marko, Linda. 2007. Keeping Your Eyes

on the Prize Versus Your Nose to the Grindstone: The Effects of Level of Goal Evaluation on Mood and Motivation. PhD diss., University of Missouri-Columbia.

[50] Huizinga, Johan. 1955. *Homo Ludens: A Study of the Play-Element in Culture*. Boston: Beacon Press.

[51] Hunter, Dan. 2006. An Open Letter to Blizzard: Speech Policy for GLBT guilds in World of Warcraft [February 8] . Available from http: //terranova.blogs.com/terra_nova/2006/02/open_letter_to_.html.

[52] Ijsselsteijn, Wijnand. 2004. Presence in Depth. PhD diss., Eindhoven University of Technology.

[53] Ijsselsteijn, Wijnand, and Giuseppe Riva. 2003. Being There: The Experience of Presence in Mediated Environments. In *Being There: Concepts, Effects and Measurements of User Presence in Synthetic Environments,* ed. W. Ijsselsteijn and G. Riva. Amsterdam: Ios Press.

[54] Iser, Wolfgang. 1991. *The Act of Reading: A Theory of Aesthetic Response*. Baltimore: Johns Hopkins University Press.

[55] Jackson, Peter. 2001. *The Lord of the Rings: The Fellowship of the Ring.* New Zealand: New Line Cinema. Film.

[56] Järvinen, Aki. 2008. Games without Frontiers: Theories and Methods for Game Studies and Design. PhD diss., University of Tampere, Finland.

[57] Jenkins, Henry. 2004. Game Design as Narrative Architecture. In *First Person: New Media as Story, Performance, and Game*, ed. N. Wardrip-Fruin and P. Harrigan. Cambridge, MA: MIT Press.

[58] Jennett, Charlene, Anna Cox, Paul Cairns, Samira Dhoparee, Andrew Epps, Tim Tijs, and Alison Walton. 2008. Measuring and Defining the Experience of Immersion in Games. *International Journal of Human-Computer Studies* 66 (9): 641-661.

[59] Juul, Jesper. 2001. Games Telling Stories? A Brief Note on Games and Narratives. Game Studies 1 (1).

[60] Juul, Jesper. 2005. *Half-Real: Video Games between Real Rules and Fictional Worlds.* Cambridge, MA: MIT Press.

[61] Kelly, Richard. 2004. *Massively Multiplayer Online Role-Playing Games: The People, the Addiction, and the Playing Experience*. Jefferson, NC: McFarland.

[62] King, Geoff, and Tanya Krzywinska. 2006. *Tomb Raiders and Space Invaders: Videogame Forms and Contexts*.

London: I. B. Tauris.

[63] Klastrup, Lisbeth. 2004. Towards a Poetics of Virtual Worlds: Multi-User Textuality and the Emergence of Story. PhD diss., IT University of Copenhagen.

[64] Klevjer, Rune. 2002. In Defense of Cutscenes. Paper read at Computer Games and Digital Cultures Conference, Tampere, Finland.

[65] Koster, Raph. 2005. *A Theory of Fun for Game Design. Scottsdale*, AZ: Paraglyph Press.

[66] Lakoff, George, and Mark Johnson. 2003. *Metaphors We Live By.* Chicago: University of Chicago Press.

[67] Laurel, Brenda. 1991. *Computers as Theatre*. Reading: Addison-Wesley.

[68] Lee, Kwan Min. 2004. Presence Explicated. *Communication Theory* 14 (1): 27-50.

[69] Lefebvre, Henri. 1991. *The Production of Space*. Oxford: Basil Blackwell.

[70] Levine, Ken. 2008. Making Them Care about Your Stupid Story. Paper read at Game Developers Conference 2008, Los Angeles.

[71] Lévy, Pierre. 1998. *Becoming Virtual: Reality in the Digital Age*. New York: Plenum.

[72] Lewis-Williams, David. 2002. *The Mind in the Cave: Consciousness and the Origins of Art.* London: Thames & Hudson.

[73] Liboriussen, Bjarke. 2009. The Mechanics of Place: Landscape and Architecture in Virtual Worlds. PhD diss., University of Southern Denmark.

[74] Lim, Sohye, and Byron Reeves. 2006. Responses to Interactive Game Characters Controlled by a Computer Versus other Players. Paper read at the Annual Meeting of the International Communication Association, San Francisco.

[75] Livingstone, Ian, and Steve Jackson. 1980. *The Warlock of Firetop Mountain.* London: Puffin Books.

[76] Locke, Edwin A., and Gary P. Latham. 1990. *A Theory of Goal Setting and Task Performance. Englewood Cliffs,* NJ: Prentice Hall.

[77] Lombard, Matthew, and Theresa Ditton. 1997. At the Heart of It All: The Concept of Presence. *Journal of Computer-Mediated Communication* 3 (2). http: //jcmc. indiana .edu/vol3/issue2/lombard.html (accessed October 15, 2008).

[78] Löw, Martina. 2001. *Raumsoziologie*. 1. Frankfurt: Suhrkamp.

[79] Lynch, Kevin. 1960. *The Image of the City. Cambridge,* MA: MIT Press and Harvard University Press.

[80] Mackay, Daniel. 2001. *The Fantasy Role-Playing Game: A New Performing Art.* Jefferson, NC: McFarland.

[81] The Making of *Grand Theft Auto IV.* 2008. Edge, April.

[82] Malaby, Thomas. 2007. Beyond Play: A New Approach to *Games. Games and Culture* 2 (2): 95-113.

[83] Manninen, Tony, and Tomi Kujanpaa. 2005. The Hunt for Collaborative War Gaming—CASE: Battlefield 1942. *Game Studies* 5 (1).

[84] Marsh, Tim. 2003. Presence as Experience: Film Informing Ways of Staying There. *Presence* (Cambridge, MA) 12 (5): 538-540.

[85] Mateas, Michael, and Andrew Stern. 2005. Build It to Understand It: Ludology Meets Narratology in Game Design Space. Paper read at DIGRA [Digital Games Research Association] 2005: Changing Views: Worlds in Play, Vancouver.

[86] McIntosh, William. D. 1996. When Does Goal Non-Attainment Lead to Negative Emotional Reactions and When Doesn't It? The Role of Linking and Rumination. In

Striving and Feeling: Interactions among Goals, Affect and Self-Regulation, ed. L. L. Martin and A. Tesser. Mahwah, NJ: Lawrence Erlbaum Associates.

[87] McMahan, Alison. 2003. Immersion, Engagement and Presence: A Method for Analyzing 3-D Video Games. In *The Video Game Theory Reader*, ed. M. J. P. Wolf and B. Perron. London: Routledge.

[88] Metz, Christian. 1974. *Film Language: A Semiotics of the Cinema*. New York: Oxford University Press.

[89] Minsky, Marvin. 1980. Telepresence. *Omni Magazine*.

[90] Morris, Sue. 2002. First Person Shooters: A Game Apparatus. In *Screenplay: Cinema/Videogames/Interfaces*, ed. G. King and T. Krzywinska. London: Wallflower.

[91] Murray, Janet Horowitz. 1998. *Hamlet on the Holodeck: The Future of Narrative in Cyberspace. Cambridge*, MA: MIT Press.

[92] Næss, Arne. 2005. *The Selected Works of Arne Næss. Ed. Alan Drengson*. Dordrecht: Springer.

[93] Nell, V. 1988. *Lost in a Book: The Psychology of Reading for Pleasure*. New Haven: Yale University Press.

[94] Nitsche, Michael. 2008. *Video Game Spaces:*

Image, Play, and Structure in 3D Game Worlds. Cambridge, MA: MIT Press.

[95] Oldenburg, Ray. 1999. *The Great Good Place: Cafés, Coffee Shops, Bookstores, Bars, Hair Salons, and Other Hangouts at the Heart of a Community*. Berkeley, CA: Marlowe.

[96] *Oxford Dictionary of English*. 2003. 2nd ed. Ed. Catherine Soanes and Angus Stevenson. Oxford: Oxford University Press.

[97] Pargman, Daniel, and Peter Jakobsson. 2006. The Magic Is Gone: A Critical Analysis of the Gaming Situation. Paper read at Medi@terra—Gaming Realities: A Challenge for Digital Culture, Athens, Greece.

[98] Pearce, Celia. 2004. Towards a Game Theory of Game. In *First Person: New Media as Story, Performance, and Game*, ed. N. Wardrip-Fruin and P. Harrigan. Cambridge, MA: MIT Press.

[99] Poels, Karolien. 2009. *World of Warcraft,* the Aftermath: How Game Elements Transfer into Real Life Perceptions and Experiences. Paper read at DIGRA [Digital Games Research Association] 2009: Breaking New Ground—Innovations in Games, Play, Practice, and Theory, Brunel, UK.

[100] Poels, Karolien, Wijnand Ijsselsteijn, Yvonne De Kort, and B. Van Iersel. 2010. Digital Games, the Aftermath: Qualitative Insights into Post Game Experiences. In Evaluating User Experiences in Games, ed. R. Bernhaupt. Berlin: Springer.

[101] Prince, Gerald. 1982. *Narratology: The Form and Functioning of Narrative.* Janua linguarum. Series maior, 108. Berlin: Mouton.

[102] Proust, Marcel. 1954. *À la recherche du temps perdu. 8 vols.* Paris: Gallimard.

[103] Rambusch, Jana, Daniel Pargman, and Peter Jakobsson. 2007. Exploring E-sports: A Case Study of Gameplay in Counter-Strike. Paper read at DIGRA [Digital Games Research Association] 2007: Situated Play, Tokyo, Japan.

[104] Reeves, Byron, and Clifford Nass. 1996. *The Media Equation: How People Treat Computers, Television, and New Media Like Real People and Places.* Cambridge: Cambridge University Press.

[105] Rettie, Ruth. 2004. Using Goffman's Frameworks to Explain Presence and Reality. Paper read at the 7th Annual International Workshop on Presence, Valencia, Spain.

[106] Richards, Ivan A. 1936. *The Philosophy of Rhetoric. New York*: Oxford University Press.

[107] Rollings, Andrew, and Dave Morris. 2000. *Game Architecture and Design*. Scottsdale, AZ: Coriolis.

[108] Rosenbloom, Paul, and Alen Newell. 1983. The Chunking of Goal Hierarchies: A General Model of Practice. In *Machine Learning: An Artificial Intelligence Approach*, ed. J. R. Anderson, R. S. A. Michalski, J. G. Carbonell, T. M. Mitchell, Y. Kodratoff, and G. Tecuci. Los Altos, CA: M. Kaufmann.

[109] Ruvinsky, Alicia, and Michael N. Huhns. 2009. Human Behavior in Mixed Human-Agent Societies. In *Proceedings of the 8th International Conference on Autonomous Agents and Multiagent Systems*, vol. 2. Budapest: International Foundation for Autonomous Agents and Multiagent Systems.

[110] Ryan, Marie-Laure. 2001. *Narrative as Virtual Reality: Immersion and Interactivity in Literature and Electronic Media*. Baltimore: Johns Hopkins University Press.

[111] Ryan, Marie-Laure. 2006. *Avatars of Story. Electronic Mediations,* 17. Minneapolis: University of Minnesota Press.

[112] Salen, Katie, and Eric Zimmerman. 2003. *Rules of Play: Game Design Fundamentals.* Cambridge, MA: MIT Press.

[113] Sartre, Jean-Paul. 1967. *What Is Literature? London: Methuen.*Sartre, Jean-Paul. 1995 [1948] . The Psychology of Imagination. London: Routledge.

[114] Schank, Roger C., and Robert P. Abelson. 1977. *Scripts, Plans, Goals, and Understanding: An Inquiry into Human Knowledge Structures*. Hillsdale, NJ: LEA.

[115] Schott, Gareth. 2006. Agency in and around Play. In *Computer Games: Text, Narrative, and Play*, ed. D. Carr, A. Burn, D. Buckingham, and G. Schott. Cambridge: Polity Press.

[116] Schubert, Thomas, and Jan Crusius. 2002. Five Theses on the Book Problem. Available from http: //www.igroup.org/projects/porto2002/SchubertCrusiusPorto2002.pdf (accessed July 15, 2006).

[117] Sheridan, Thomas B. 1992. Musings on Telepresence and Virtual Presence. *Presence* (Cambridge, MA) 1 (1).

[118] Slater, Mel. 2003. A Note on Presence Terminology. Available from http://presence.cs.ucl.ac.uk/

presenceconnect (accessed October 15, 2008).

[119] Slater, Mel, and S. Wilbur. 1997. A Framework for Immersive Virtual Environments (Five): Speculations on the Role of Presence in Virtual Environments. *Presence* (Cambridge, MA) 6 (6): 603-616.

[120] Soja, Edward W. 1996. *Thirdspace: Journeys to Los Angeles and Other Real-and-Imagined Places*. Cambridge, MA: Blackwell.

[121] Spielberg, Stephen. 1998. *Saving Private Ryan*. Dreamworks. Film.

[122] Steinkuehler, Constance. 2005. Cognition and Learning in Massively Multiplayer Online Games: A Critical Approach. PhD diss., University of Wisconsin.

[123] Steinkuehler, Constance, and Dmitri Williams. 2006. Where Everybody Knows Your (Screen) Name: Online Games as "Third Places." Available from http://website.education.wisc.edu/steinkuehler/papers (accessed December 10, 2006).

[124] Steuer, Jonathan. 1992. Defining Virtual Reality: Dimensions Determining Telepresence. *Journal of Communication* 42 (4): 73-93.

[125] Sturm, W., and K. Willmes. 2001. On the

Functional Neuroanatomy of Intrinsic and Phasic Alertness. *NeuroImage* 14 (1): 76-84.

[126] Suits, Bernard Herbert. 1978. *The Grasshopper: Games, Life, and Utopia*. Toronto: University of Toronto Press.

[127] Sutherland, Ivan. 1965. The Ultimate Display. Paper read at IFIPS [International Federation of Information Processing Societies] congress, New York.

[128] Sutherland, Ivan. 1968. Head-Mounted Three-Dimensional Display. Paper read at Fall Joint Computer Conference, San Francisco.

[129] Swalwell, Melanie. 2008. Movement and Kinesthetic Responsiveness: A Neglected Pleasure. In *The Pleasures of Computer Gaming: Essays on Cultural History, Theory, and Aesthetics*, ed. M. Swalwell and J. Wilson. Jefferson, NC: McFarland.

[130] Tamborini, Ron, and Paul Skalski. 2006. The Role of Presence in the Experience of Electronic Games. In *Playing Video Games: Motives, Responses, and Consequences*, ed. P. Vorderer and J. Bryant. Mahwah, NJ: Lawrence Erlbaum Associates.

[131] Taylor, T. L. 2006. *Play between Worlds:*

Exploring Online Game Culture. Cambridge, MA: MIT Press.

[132] Tolkien, J. R. R. 1983. *The Monsters and the Critics and Other Essays. Ed.* Christopher Tolkien. London: Allen & Unwin.

[133] Tolman, Edward. 1948. Cognitive Maps in Rats and Men. *Psychological Review* 55 (4): 189-208.

[134] Tuan, Yi-Fu. 1974. *Topophilia: A Study of Environmental Perception, Attitudes, and Values*. Englewood Cliffs, NJ: Prentice-Hall.

[135] Tuan, Yi-Fu. 1998. *Escapism*. Baltimore: Johns Hopkins University Press.

[136] Tuan, Yi-Fu. 2007. *Space and Place: The Perspectives of Experience*. Minneapolis: University of Minnesota Press.

[137] Van den Hoogen, Wouter, Wijnand Ijsselsteijn, and Yvonne de Kort. 2009. Effects of Sensory Immersion on Behavioral Indicators of Player Experience: Movement Synchrony and Controller Pressure. Paper read at DIGRA [Digital Games Research Association] 2009: Breaking New Ground—Innovations in Games: Play, Practice and Theory, Brunel, UK.

[138] Van Rooyen-McLeay, Karen. 1985. Adolescent Video-Game Playing. Master's thesis, Victoria University of Wellington.

[139] Wachowski, Larry, and Andy Wachowski. 1999. *The Matrix.* Warner Brothers Pictures. Film.

[140] Walsh, Richard. 2007. *The Rhetoric of Fictionality: Narrative Theory and the Idea of Fiction.* Columbus: Ohio State University Press.

[141] Walton, Kendall L. 1990. *Mimesis as Make-Believe: On the Foundations of the Representational Arts.* Cambridge, MA: Harvard University Press.

[142] Waterworth, John A., and Eva L. Waterworth. 2003. The Core of Presence: Presence as Perceptual Illusion. Presence Connect, http://presence.cs.ucl.ac.uk/presenceconnect/index.html (accessed November 12, 2008).

[143] Witmer, B. G., and M. J. Singer. 1998. Measuring Presence in Virtual Environments: A Presence Questionnaire. Presence (Cambridge, MA) 7 (3): 225-240.

[144] Wittgenstein, Ludwig. 1997 [1953]. *Philosophical Investigations.* Ed. G. Anscombe. 2d ed. Cambridge, MA: Blackwell.

[145] Wolf, Mark J. P. 2009. Theorizing Navigable

Spaces in Video Game Worlds in Structure, Sign, and Play. Paper presented at DIGAREC [Digital Games Research Center] , University of Potsdam, Germany.

[146] *World of Warcraft: Terms of Use 2006* [cited February 1] . Blizzard Entertainment. Available at http://www.worldofwarcraft.com/legal/termsofuse.html.

[147] Yee, Nick. 2006a. The Demographics, Motivations, and Derived Experiences of Users of Massively-Multiuser Online Graphical Environments. Presence (Cambridge, MA) 15: 309-329.

[148] Yee, Nick. 2006b. The Labor of Fun. *Games and Culture* 1 (1): 68-71.

本书提及的游戏

[1] *Age of Conan*. Funcom, 2006 [cited December 15] . Available from www.ageofconan.com.

《科南时代》，挪威丰乐公司，2006 年 [引用日期：12 月 15 日] . 可从www.ageofconan.com 获取。

[2] *Age of Empires*. Ensemble Studios (Microsoft Game Studios)，1997. PC.

《帝国时代》，全效工作室（微软游戏工作室），1997，PC。

[3] *Aion: The Tower of Eternity*. NCSoft，2009. PC.

《永恒之塔》，韩国NCSoft 互动娱乐公司，2009，PC。

[4] *Asheron's Call*. Turbine Inc. (Microsoft)，1999. PC.

《阿斯龙的召唤》，涡轮公司（微软），1999，PC。

[5] *Asheron's Call 2*. Turbine Inc.，2002. PC.

《阿斯龙的召唤 2》，涡轮公司（微软），2002，PC。

[6] *Assassin's Creed.* Ubisoft Montreal，2007. Xbox

360.

《刺客信条》，育碧蒙特利尔，2007，Xbox 360。

[7] *Battlefield 1942*. Digital Illusions CE，2002. PC.

《战地 1942》，EA DICE 工作室，2002，PC。

[8] *Bejeweled*. PopCap Games，2001. PC.

《宝石迷阵》，宝开游戏，2001，PC。

[9] *Bioshock*. 2K Games，2008. Xbox 360.

《生化奇兵》，美国 2K Games 游戏制作公司，2008，Xbox 360。

[10] *Call of Duty: Modern Warfare 2*. Infinity Ward，2009. PC.

《使命召唤：现代战争 2》，无限工作室，2009，PC。

[11] *Call of Duty IV*. Infinity Ward，2007. PC.

《使命召唤 4》，无限工作室，2007，PC。

[12] *Combat*. Atari Inc.，1977. Atari 2600.

《战斗任务》，雅达利，1977，Atari 2600。

[13] *Counter-Strike*. Valve Software（Sierra Studios），1998. PC.

《反恐精英》，维尔福软件公司（雪乐山工作室），1998，PC。

[14] *Counter-Strike: Source*.Valve Software（Vivendi Universal Games），2004. PC.

《反恐精英：起源》，维尔福软件公司（维旺迪环球游戏），2004，PC。

［15］*Crysis*. Crytek Frankfurt，2007. PC.

《孤岛危机》，德国Crytek游戏开发公司，2007，PC。

［16］*Dark and Light*. NP Cube（Farlan），2006. PC.

《黑暗与光明》，NP Cube（Farlan），2006，PC。

［17］*Dead Space*. EA Redwood Shores（Electronic Arts），2008. Xbox 360.

《死亡空间》，红杉海岸工作室（艺电），2008，Xbox 360。

［18］*Dear Esther*. The Chinese Room，2008. www.moddb.com.PC.

《亲爱的艾斯特》，The Chinese Room，2008，www.moddb.com，PC。

［19］*Doom*. id Software（id Software & GT Interactive），1993. PC.

《毁灭战士》，id Software（id Software & GT Interactive），1993，PC。

［20］*Dungeons and Dragons*. David Arneson and Gary Gygax（Tactical Studies Rules），1974.

《龙与地下城》，大卫·阿内森与加里·吉盖克斯（战术研究规则公司），1974。

［21］*The Elder Scrolls IV: Oblivion*. Bethesda Softworks LLC（2K Games），2006. PC.

《上古卷轴IV：湮灭》，贝塞斯达软件工作室（2K Games），2006，PC。

［22］*Eliss*. Steph Thirion（Apple），2009. iPhone.

《伊莉丝》，Steph Thirion（苹果），2009，iPhone。

［23］*Empire: Total War*. Creative Assembly（Sega），2009. PC.

《帝国：全面战争》，英国全效工作室（世嘉），2009，PC。

［24］*Enter the Matrix*. Shiny Entertainment（Atari & Warner Brothers Interactive），2003. PC.

《进入矩阵》，Shiny Entertainment（雅达利& 华纳兄弟互动），2003，PC。

［25］*EVE Online*. CCP Games，2003. PC.

《EVE Online》，冰岛CCP 公司，2003，PC。

［26］*EverQuest*. Sony Online Entertainment，1999.PC.

《无尽的任务》，索尼在线娱乐，1999，PC。

［27］*Fable*. Lionhead Studios（Microsoft Game Studios），2004. Xbox 360.

《神鬼寓言》，狮头工作室（微软游戏工作室），2004，Xbox 360。

［28］*Fable II*. Lionhead Studios（Microsoft Game Studios），2008. Xbox 360.

《神鬼寓言 2》，狮头工作室（微软游戏工作室），2008，Xbox 360。

［29］*Face of Mankind*.Duplex Systems（Ojom），2006. PC.

《人性之面》，Duplex Systems（Ojom），2006，PC。

［30］*Fahrenheit*. Quantic Dream（Atari），2005.PC.

《华氏温度》，Quantic Dream（雅达利），2005，PC。

［31］*Fallout 3*. Bethesda Game Studios，2008. PC.

《辐射 3》，贝塞斯达游戏工作室，2008，PC。

［32］*Far Cry 2*. Ubisoft Montreal，2008. PC.

《孤岛惊魂 2》，育碧蒙特利尔，2008，PC。

［33］*F. E. A. R*. Monolith Inc.①（Vivendi Universal），2005. PC.

《F. E. A. R.》，美国Monolith Productions 工作室（维旺迪环球游戏），2005，PC。

［34］*F. E. A. R. 2: Project Origin*. Monolith，Inc.（Warner Brothers Interactive Entertainment），2009. PC.

《F. E. A. R. 2：起源》，美国Monolith Productions 工作室（华纳兄弟互动娱乐），2009，PC。

① 此处应为Monolith Productions。——译者注

[35] *FIFA 2008*. EA Sports，2007. Xbox 360.

《FIFA 2008》，艺电体育，2007，Xbox 360。

[36] *FIFA 2009*. EA Sports，2008. Xbox 360.

《FIFA 2009》，艺电体育，2008，Xbox 360。

[37] *Flower*. ThatGameCompany（Sony Computer Entertainment），2009. PS3.

《花》，ThatGameCompany（索尼计算机娱乐），2009，PS3。

[38] *Grand Slam Tennis*. EA Canada（EA Sports），2009.Wii.

《大满贯网球》，艺电加拿大工作室（艺电体育），2009，Wii。

[39] *Grand Theft Auto IV*. Rockstar North（Rockstar Games），2008，Xbox 360.

《侠盗猎车手Ⅳ》，摇滚之星北部（摇滚之星），2008. Xbox 360。

[40] *Gran Turismo*.Polyphony Digital（Sony Computer Entertainment），1998. PS.

《GT 赛车》，日本Polyphony Digital 工作室（索尼计算机娱乐），1998，PS。

[41] *Guild Wars*. ArenaNet（NCSoft），2005. PC.

《激战》，ArenaNet（NCSoft），2005，PC。

[42] *Half-Life 2*. Valve Software (Vivendi Universal), 2004. PC.

《半条命 2》，维尔福软件公司（维旺迪环球），2004，PC。

[43] *Halo 3*.Bungie (Microsoft Game Studios), 2007. Xbox 360.

《光环 3》，美国Bungie 工作室（微软游戏工作室），2007，Xbox 360。

[44] *Home*. SCE London Studio (Sony Computer Entertainment), 2008. PS3.

《家园》，SCE 伦敦工作室（索尼计算机娱乐），2008，PS3。

[45] *The House of the Dead*. Wow Entertainment (Sega), 1996. PC.

《死亡之屋》，Wow Entertainment（世嘉），1996，PC。

[46] *Huxley*. Webzen Inc., forthcoming. PC.

《赫胥黎》，Webzen Inc.，即将推出，PC。

[47] *Kick-Off*. Dino Dini (Anco), 1989. Amiga.

《劲射入网》，迪诺·迪尼（Anco），1989，Amiga。

[48] *Left 4 Dead*. Valve Corporation, 2008. PC.

《求生之路》，维尔福软件公司，2008，PC。

［49］*Left 4 Dead 2*. Valve Corporation，2009. PC.

《求生之路 2》，维尔福软件公司，2009，PC。

［50］*Lineage*. NCSoft，1998.PC.

《天堂》，韩国NCSoft 互动娱乐公司，1998，PC。

［51］*Lineage 2*. NCSoft，2003. PC.

《天堂 2》，韩国NCSoft 互动娱乐公司，2003，PC。

［52］*The Lord of the Rings Online: Shadows of Angmar*. Turbine Inc.，2007. PC.

《指环王：安格玛的阴影》，涡轮公司，2007，PC。

［53］*Mass Effect*.Bioware（Microsoft Game Studios），2007.Xbox 360.

《质量效应》，加拿大Bioware 公司（微软游戏工作室），2007，Xbox 360。

［54］*Max Payne*. Rockstar Toronto（Rockstar Games），2001. PS2.

《马克思·佩恩》，摇滚之星多伦多（摇滚之星），2001，PS2。

［55］*Medal of Honor: Allied Assault*.2015，Inc.（Electronic Arts），2002. PC.

《荣誉勋章：联合突击》，2015 公司（艺电），2002，PC。

［56］*Medal of Honor: Pacific Assault*. Electronic Arts

and TKO Software（Electronic Arts），2004. PC.

《荣誉勋章：太平洋之战》，Electronic Arts 和TKO Software（艺电），2004，PC。

[57] *Medieval II: Total War*.Creative Assembly (Sega)，2006. PC.

《中世纪 2：全面战争》，全效工作室（世嘉），2006，PC。

[58] *Metal Gear Solid 4.* Kojima Productions（Konami），2008.PS3.

《合金装备 4》，小岛工作室（科乐美），2008，PS3。

[59] *Mirror's Edge*. DICE，2008. PC.

《镜之边缘》，DICE，2008，PC。

[60] *Mount and Blade.* Tale Worlds（Paradox Interactive），2008. PC.

《骑马与砍杀》，Tale Worlds（Paradox Interactive），2008，PC。

[61] *Myst III*. Presto Studios（Ubisoft），2001.PC.

《神秘岛 3》，Presto Studios（育碧），2001，PC。

[62] *Need for Speed Underground 2.* Electronic Arts，2006. Available from http://www.ea.com/nfs/underground2/us/home.jsp（accessed December 15，2006）.

《极品飞车：地下狂飙 2》，艺电，2006. 可从http://

www.ea.com/nfs/underground2/us/home.jsp 获取（2006 年 12 月 15 日访问）。

［63］*No More Heroes*. Grasshopper Manufacture（Rising Star Games），2008. Wii.

《英雄不再》，草蜢工作室（Rising Star Games），2008，Wii。

［64］*Pacman*. Namco，1980.Arcade.

《吃豆人》，南梦宫，1980，街机。

［65］*PlanetSide*. Sony Online Entertainment，2003.PC.

《星际Online》，索尼在线娱乐，2003，PC。

［66］*Pong*. Atari Inc.，1972. Arcade.

《乓》，雅达利，1972，街机。

［67］*Red Orchestra: Ostfront 41-45*. Tripwire Interactive（Valve Software），2006. PC.

《红色管弦乐队：东线 41-45》，美国Tripwire Interactive（维尔福软件公司），2006，PC。

［68］*Risk: Revised Edition*. Hasbro，2009. Board game.

《大战役：修订版》，孩之宝，2009，桌游。

［69］*Rock Band*. Harmonix（MTV Games），2007. Xbox 360.

《摇滚乐队》，Harmonix（MTV Games），2007，

Xbox 360。

［70］*Second Life*. Linden Lab，2003. PC.

《第二人生》，林登实验室，2003，PC。

［71］*The Secret of Monkey Island.* Lucasfilm Games，1990. Amiga.

《猴岛小英雄》，卢卡斯电影游戏，1990.Amiga。

［72］*Settlers of Catan*. Claus Teuber（Mayfair Games），1995.

《卡坦岛》，克劳斯·特伯（Mayfair Games），1995。

［73］*SimCity*. Maxis Software（Electronic Arts），1989. PC.

《模拟城市》，Maxis Software（艺电），1989，PC。

［74］*The Sims*. Maxis Software（Electronic Arts），2000. PC.

《模拟人生》，Maxis Software（艺电），2000，PC。

［75］*Space Invaders.* Taito（Midway），1978. Arcade.

《太空侵略者》，太东（Midway），1978，街机。

［76］*Spacewar.* Steve Russell，1962. Mainframe.

《太空战争》，斯蒂夫·拉塞尔，1962，主机。

［77］*Spore*. Maxis Software（Electronic Arts），2008. PC.

《孢子》，Maxis Software（艺电），2008，PC。

[78] *S. T. A. L. K. E. R.: Shadow of Chernobyl*. GSC Gameworld（THQ），2007. PC.

《S. T. A. L. K. E. R.：切尔诺贝利之影》，GSC Gameworld（THQ），2007，PC。

[79] *Tetris*. A. Pajitnov（Spectrum Holobyte），1985. PC.

《俄罗斯方块》，A. 帕基特诺夫（Spectrum Holobyte），1985，PC。

[80] *Unreal Tournament*. Epic Games（GT Interactive），1999. PC.

《虚幻竞技场》，Epic Games（GT Interactive），1999，PC。

[81] *Warhammer 40,000: Dawn of War*. Relic Entertainment（THQ），2004. PC.

《战锤 40K：战争黎明》，遗迹娱乐（THQ），2004，PC。

[82] *Warhammer 40,000: Dawn of War II*. Relic Entertainment（THQ），2009. PC.

《战锤 40K：战争黎明 2》，遗迹娱乐工作室（THQ），2009，PC。

[83] *Wii Sports*. Nintendo EAD，2006. Wii.

《Wii Sports》，任天堂情报开发本部，2006，Wii。

[84] *Wolfpack.* Simulations Publications Inc., 1975. Board game.

《狼群》，Simulations Publications Inc.，1975，桌游。

[85] *World of Warcraft.* Blizzard Entertainment (Vivendi Universal)，2004.PC.

《魔兽世界》，暴雪娱乐（维旺迪环球），2004，PC。

[86] *World of Warcraft Map.* 2006. Available from http://mapwow.com (accessed February 10，2006) .

《魔兽世界地图》，2006. 可从 http://mapwow.com 获取（2006 年 2 月 10 日访问）。

[87] *World War II Online.* Corner Rat Software and Playnet Inc. (GMX Media)，2001. PC.

《第二次世界大战Online》，Corner Rat Software and Playnet Inc.（GMX Media），2001，PC。

译后记

首次发现这本书的读者，我想自然会产生和我开始这个项目时相同的困惑：一本 2011 年出版、基于《魔兽世界》（一个上古神作）和《星际Online》（糟了，一个甚至没听说过的上古神作）开展研究的老书，对于今天我们理解游戏还会有参考价值吗？而且“沉浸”……一个如此人尽皆知的概念，哪里还需要专门用一本书来讨论？

的确，与“魔圈”“心流”类似，“沉浸”也是一个从学术语境溢出，而深度渗透游戏社群，甚至在非游戏语境中被大量化用的术语。然而一个经典的悖论也将由此产生——越是被日常化的概念，我们对它可能越所知甚少。当玩家和游戏产业界为竞相追逐这一“圣杯”而豪掷千金的时候，是否说明所谓“沉浸”是技术决定性的？玩家、游戏开发者与游戏研究者口中的“沉浸”，是否具有可通约性？

当我们开始意识到仍然需要对“沉浸”进行更

深刻的学术研究时，一个更加令人窘迫的情况随之显现：在对这一经典概念前赴后继的讨论中，学术界可能着实贡献有限。我们只需要看看珍妮特·默里（Janet Murray）的定义，“被一个完全不同的现实所包围的感觉，就像水和空气不同一样，它占据了我们所有的注意力和整个感知器官，我们喜欢离开熟悉的世界，喜欢进入一个新环境时的警觉，还喜欢在其中活动时所带来的喜悦”，就会明白戈登·卡莱亚（Gordon Calleja）在写作本书时所面临的困境。学者们在尝试对其概念化的同时，也加剧了这一概念的朦胧（翻译过来就是，“研究得挺好，下次别研究了”）。

通过一次廓清迷雾的尝试来指示迷雾所在，或许这正是此书最大的贡献——通过精细化的解构。卡莱亚向我们展示了对于“沉浸”的认识还有哪些值得探索的领地以及如何去往。真正重要的可能不在于卡莱亚试图建构的这种全新形态的“沉浸”（本书将之翻译为“归化”）到底是什么，而在于它应该以何种方式被建构：空间、叙事、情感、社交……正如卡莱亚一再告诫我们的那样，对“沉浸”的指涉应该是以上所有要素的全集或者说笛卡尔集。从某种意义上说，“沉浸”之于卡莱亚更接近于一个绝佳的研究范例，用以向游戏研究者展示——永远不要先验性地认为，什么是不值得研究的。

我想，以上的解说可能已经厘清了读者与我共同面临的第一重困惑，至少能让读者愿意一探究竟。而我必须坦诚的是，在翻译此书的过程中，本人还时常经历着另外一重天人交战。当这个项目开始时，AI 翻译尚且无比稚嫩、生涩，然而当本书付梓之际，DeepSeek 所能提供的译本似乎并不输给大多数译者，而且至少——它从不拖稿。那么作为肉体凡胎、生产力有限的“人工”（字面含义）智能体，有什么是我能额外提供给读者的呢？

我想可能就是尝试把这本书翻译成“人话”的这份诚意。虽然本书基于大量实证研究，但其中充斥的大量经验性论述，使其更像是卡莱亚的一次思维试验。如何将他自造的语汇以相对“信、达、雅”的方式表达，需要对学术文本进行基于游戏研究和文化语境的再诠释。例如本书的书名，正如卡莱亚的理论所揭示的，其中存在一个经典的对立统一：游戏的沉浸感本是开发者基于技术基础设施而尝试构筑的一种游戏体验，但最终它以何种方式呈现，则根植于玩家对“游玩”意义的主观建构。因此，本书放弃了“在游戏中”（In-Game）的原意，而采用了“宅兹游戏”这一书名——“宅”是物理意义的栖居，“兹”则指向心理的锚定，二者共同构成玩家在游戏中的“家园感”——以具身为基础的精神依归（与姜宇辉老师的经典论文同名，但译者确实是在想到这一名称之后才读到姜老师的文章）。

当然，这些曲笔可能常常会被读者认为是“画蛇添足”。所以，在此需要尤其感谢中国国际广播出版社，还愿意在这个时代把与玩家和读者对话的使命交付给一批译者。这种信任本身就充盈着无尽的赤诚与温情。

总而言之，通过不断挖掘意义，本书译者将翻译过程本身变成了对沉浸理论的一次实践：我需要同时扮演“玩家”（理解原文本的规则），与作为“设计师”的作者加以协商，共同建构一个新的意义世界，所以我称之为在游玩“沉浸”之外的“二阶沉浸”。

由此，衷心希望阅读这本书的你也能获得某种游刃有余的沉浸体验，既可于书中找到共鸣，又可在思想与现实之界穿梭自如。

曹　琪

2025 年 3 月于北京大学

图书在版编目（CIP）数据

宅兹游戏：从沉浸到归化 /（马耳他）戈登·卡莱亚著；曹琪译. -- 北京：中国国际广播出版社，2025. 4. --（游戏文化经典译丛）. -- ISBN 978-7-5078-5755-9

Ⅰ. TP317.6
中国国家版本馆CIP数据核字第202517GN34号

著作权合同登记号 01-2024-3309

宅兹游戏：从沉浸到归化

著　　者	［马耳他］戈登·卡莱亚
译　　者	曹　琪
责任编辑	王立华
校　　对	张　娜
版式设计	邢秀娟
装帧设计	周伟伟
出版发行	中国国际广播出版社有限公司［010-89508207（传真）］
社　　址	北京市丰台区榴乡路88号石榴中心1号楼2001 邮编：100079
印　　刷	北京启航东方印刷有限公司
开　　本	889 × 1194　1/32
字　　数	190千字
印　　张	11.5
版　　次	2025 年 4 月 北京第一版
印　　次	2025 年 4 月 第一次印刷
定　　价	68.00元